ねこてそ

ねことのくらしを楽しくする
ネコミュニケーション・ブック

暁／著

ぴあ

本書は2013年2月段階での情報に基づいて執筆されています。本書に登場する製品や店名などの情報は、変更されている可能性がありますので、ご了承ください。

本書中の会社名や商品名は、該当する各社の商標または登録商標です。本書中では™および®マークは省略させていただいております。

本書での占いはあくまで目安です。愛猫さんの個性を一番に尊重してあげてください。

猫って不思議な生き物です。

何か言いたそうにも思えるけど、
本当のことはわかりません。

もっと仲良くなりたいから

もっと猫のこと、知りたい。

猫好きの手相見、
暁が考えました。
人に手相があるのなら、猫にも……？

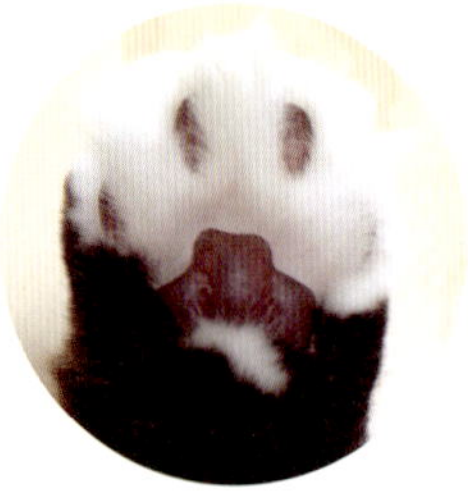

そう！
なんと一目瞭然
猫にも手相があったんです！

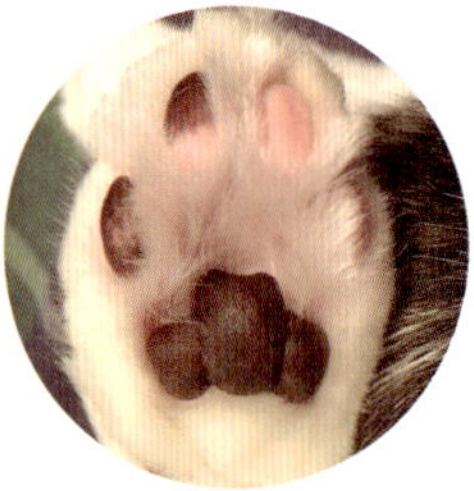

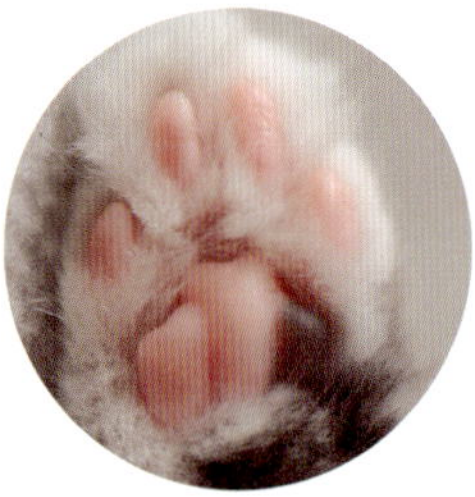

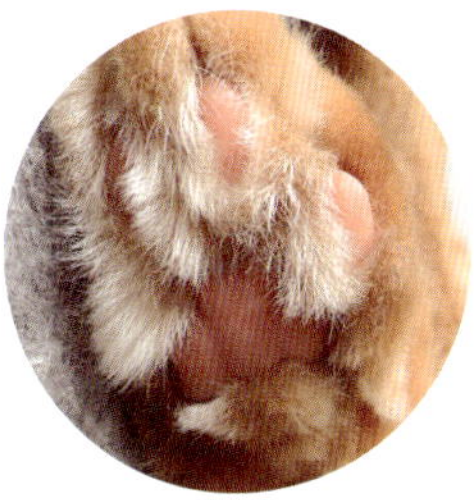

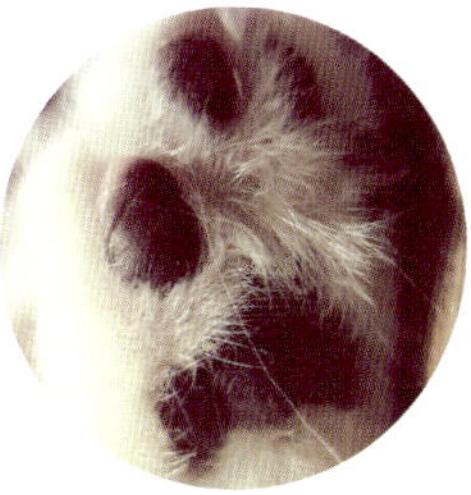

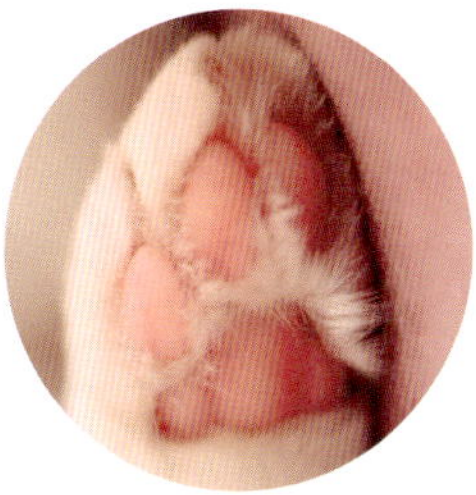

Contents

暁が、取材を元に
手相を完全解説！

part Ⅱ ネコミュニケーション実践編 71

14-15Pのねこてそさんたち

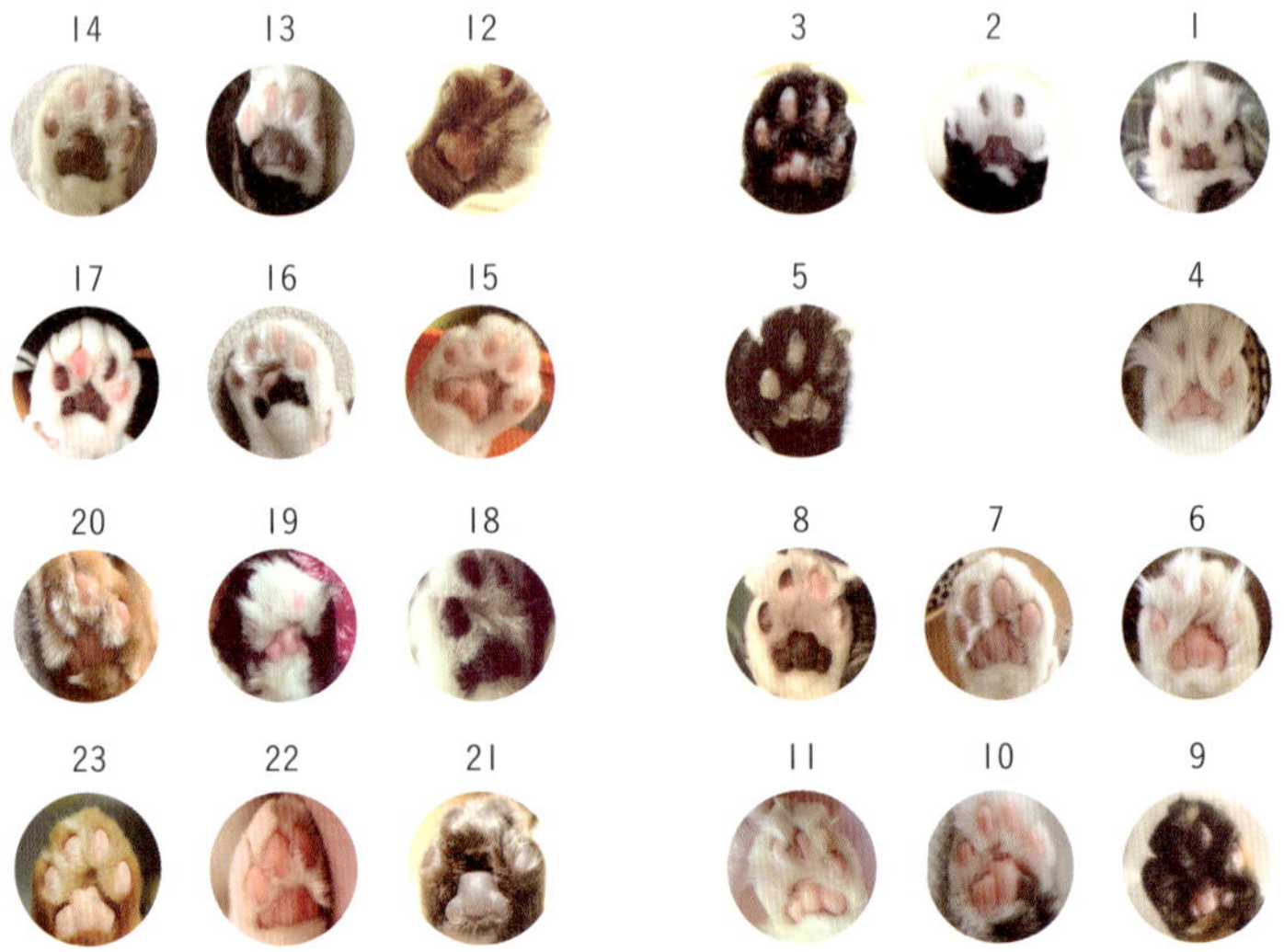

1	ネル (4) ♂	instagram.com/aco_taro
2	コナ (1) ♂	http://instagram.com/nrki
3	ブン (7) ♀	instagram.com/chikubanf
4	クレア (8) ♀	instagram.com/cnabkamc
5	ピコー (19) ♀	instagram.com/higaki_
6	ネム (4) ♂	instagram.com/kutsee
7	なな (10) ♂	instagram.com/little_ear
8	デコちゃん (11) ♂	instagram.com/makudeco
9	そら (15) ♀	instagram.com/nekokawa
10	loki (2ヵ月) ♀	@wakako
11	ハク (2) ♂	instagram.com/nktn890
12	ぽん太 (7) ♂	instagram.com/ponta_photo
13	ぶぅ (10) ♀	instagram.com/ramura
14	仙 (1) ♂	instagram.com/ramura
15	漣 (3) ♂	instagram.com/ramura
16	梵 (3) ♀	instagram.com/ramura
17	tj (7) ♂	instagram.com/sasu_koji
18	寅蔵 (9) ♂	instagram.com/torazo0715
19	ラム (7) ♀	instagram.com/torazo0715
20	にゃじ (12) ♂	instagram.com/yako_ll
21	ルナ (3) ♀	@まさぽん
22	ミカ (3) ♀	@まさぽん
23	タマ (11) ♂	@onojima

※Instagram、bloggerのみなさんにご協力いただきました！

part I

ねこてそ入門

ねこてそ入門

長年人間の手相を見て来ましたが、ある日ふと、猫の手相はどうなっているのか？との疑問が頭をかすめたのです。
その日から数百匹の猫さんに取材を重ね、ついに一つの理論を導き出しました。

猫の肉球の形は性格によって違うのです

猫の手相の話に入るまえに、まず人間の手相のお話から入りましょう。人の手相は、主に手のひらのシワを見ます。なぜ手から性格や運勢がわかるのでしょう。実は手相は統計学。長年のデータの蓄積によって、性格や運勢ごとの手相のパターンがわかってきたのです。

　これを猫に応用できないか、というのが、猫の手相―ねこてそ研究の発端です。猫は、四本足歩行の動物ですが、後ろ足と前足の使い方はだいぶ異なります。前足でじゃれついたり（もとは獲物に跳びかかる動作）、顔を洗ったり。人間の「手」に近い役割ももっています。猫に手相があるとすれば、前足に現れるのが自然といえるでしょう。

　そして、多くの猫の前足を見てきた結果、性格や行動パターンによって、肉球の形が異なることがわかってきました。

　猫の肉球は、人間の手のひらにあたる大きな部分（掌球）と、指にあたる小さな部分（指球）に分かれています。猫手相は、この「掌球」の形を見ます。さらに、掌球は中央部分と左右に分けられ、この部分の形によっても細かい手相がわかります。

　育ってきた環境が、今の性格に影響を及ぼしている可能性もありますが、手相のタイプを見れば、その猫が本来持っている性格が見えてくるかもしれません。猫とのコミュニケーションの参考にしてみてください。

【ねこてそ解説】
ねこてそは肉球のココをチェック！

猫の手には、いくつもの肉球があります。
手相を見るときのチェックポイントを図解します。

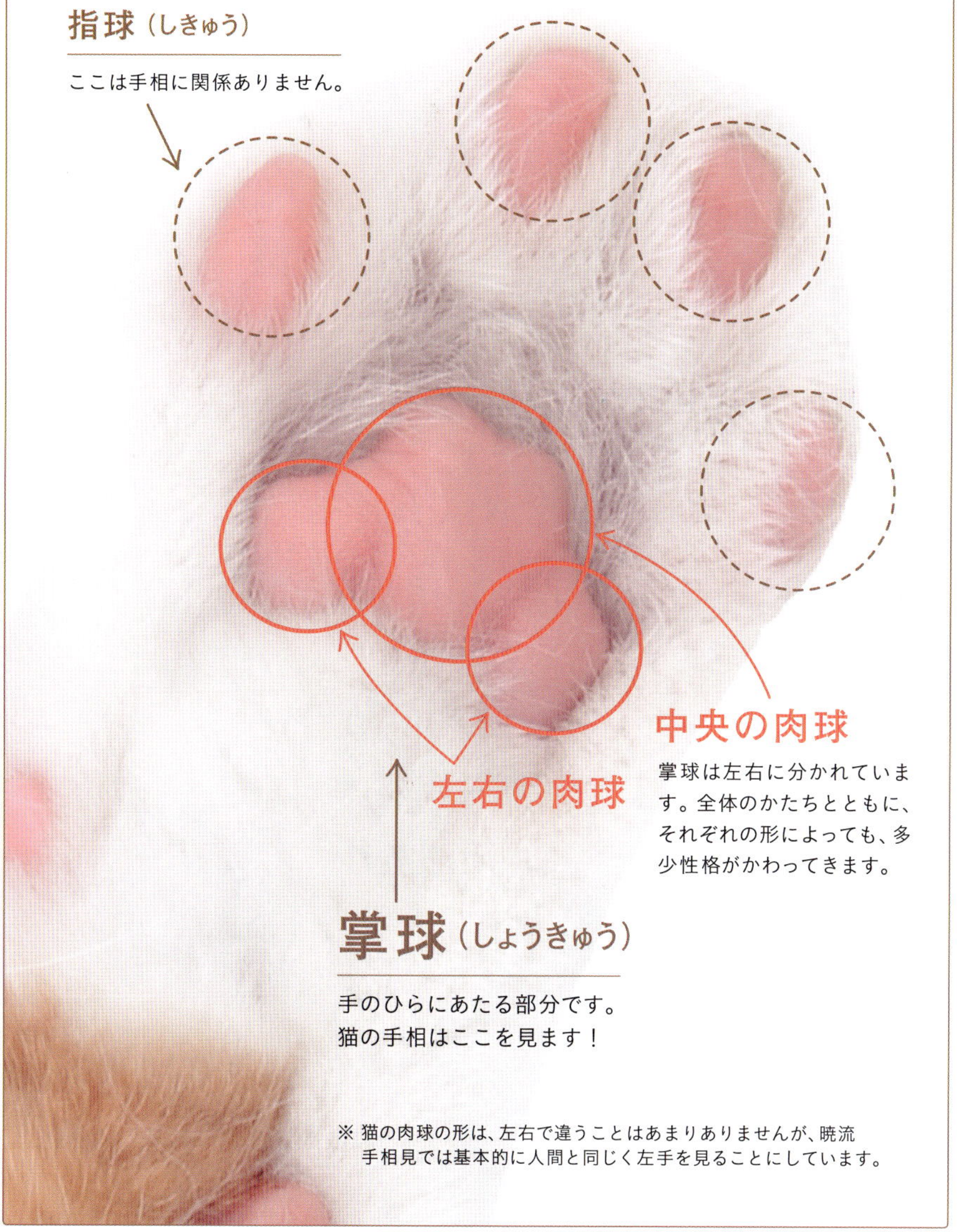
指球（しきゅう）
ここは手相に関係ありません。
中央の肉球
掌球は左右に分かれています。全体のかたちとともに、それぞれの形によっても、多少性格がかわってきます。
左右の肉球
掌球（しょうきゅう）
手のひらにあたる部分です。
猫の手相はここを見ます！

※ 猫の肉球の形は、左右で違うことはあまりありませんが、暁流手相見では基本的に人間と同じく左手を見ることにしています。

〝ねこてそ〟を上手に見るためには？

さて、実際に猫の手のひらを見てみましょう。しかし猫の手のひらは、体の構造上、上に向けるのが難しいので、見るにはちょっとしたコツが必要です。一番スムーズなのは、二人で見る方法です。一人が猫を抱っこして、もう一人が下から手を覗き込みます。

協力してくれる人がいないときは、お腹を上に向けるような方向でだっこして、脇の下をなでたりくすぐったりします。すると、自然とバンザイの格好になるので、手のひらを見やすいでしょう。

また、猫が寝ているときに、こっそり見るのもよいでしょう。よく寝入っていれば、手を持ち上げても気が付かれずに、じっくり見ることができます。

猫は強引に手をつかまれることを嫌がります。なでたりして可愛がってる途中に、こっそり手を見るようにしましょう。また、手を見るのに長い時間をかけると嫌がられる可能性が高いので、一瞬を狙って写真に撮り、あとから確認するのもよいでしょう。

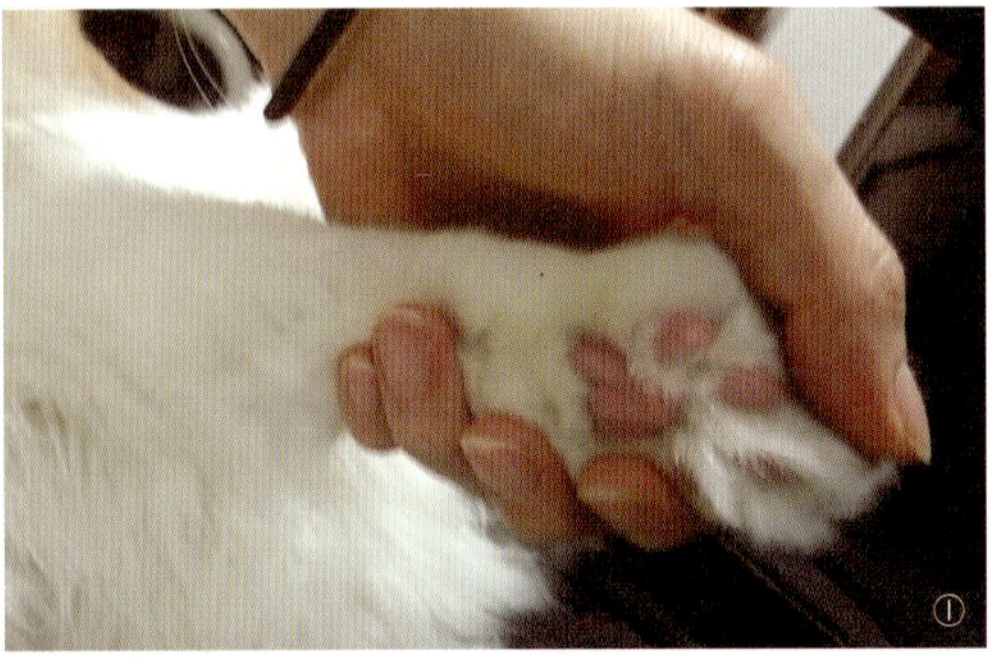

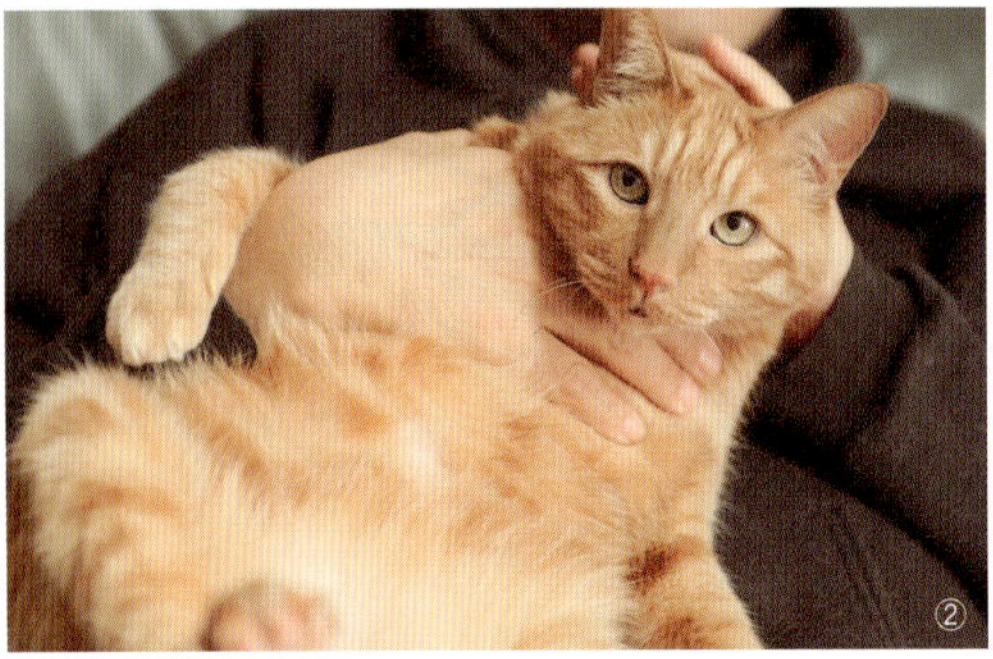

①寝入ったところをこっそりめくってみる

②抱っこしておもむろに手のひらをもち上げ、写真に撮る

毛をどかして、よく見よう

肉球のまわりには、毛が生えています。特に長毛種だと、毛に隠れて、肉球の形がちゃんと確認できないことがあります。毛をどかして、形をちゃんと見るようにしましょう。特に、肉球の上側は見づらいので、しっかりチェックしましょう。

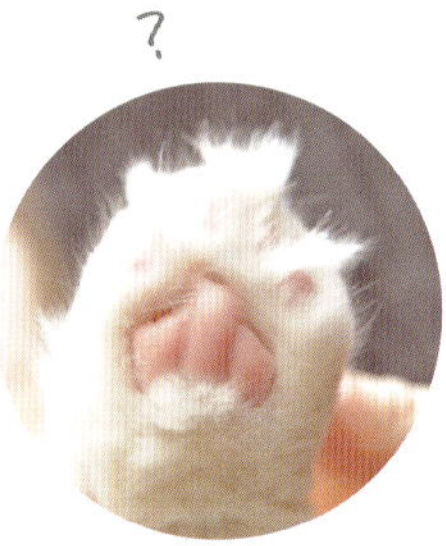

①頂点が丸のBタイプ？に見えても

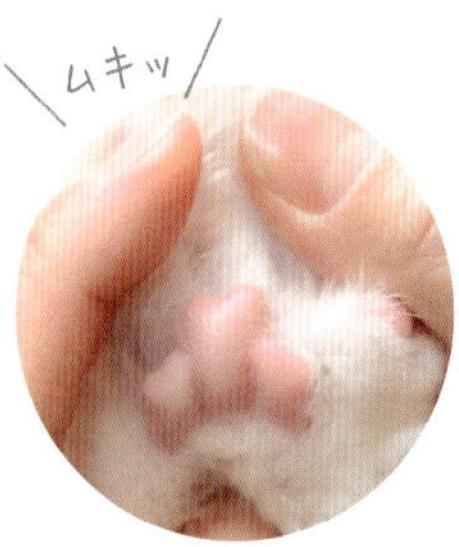

②毛をはらいのけるとハートだったりする

柄は関係ありません

猫によって、肉球の色はさまざま。黒っぽいのやピンク色、ブチが入っていたりなどいろいろな色柄がありますが、手相と肉球の色は関係ありません。あくまでも形を見てください。

また、外猫の場合は、肉球が汚れていたり、固くなっていることもありますが、これも手相とは関係ありません。

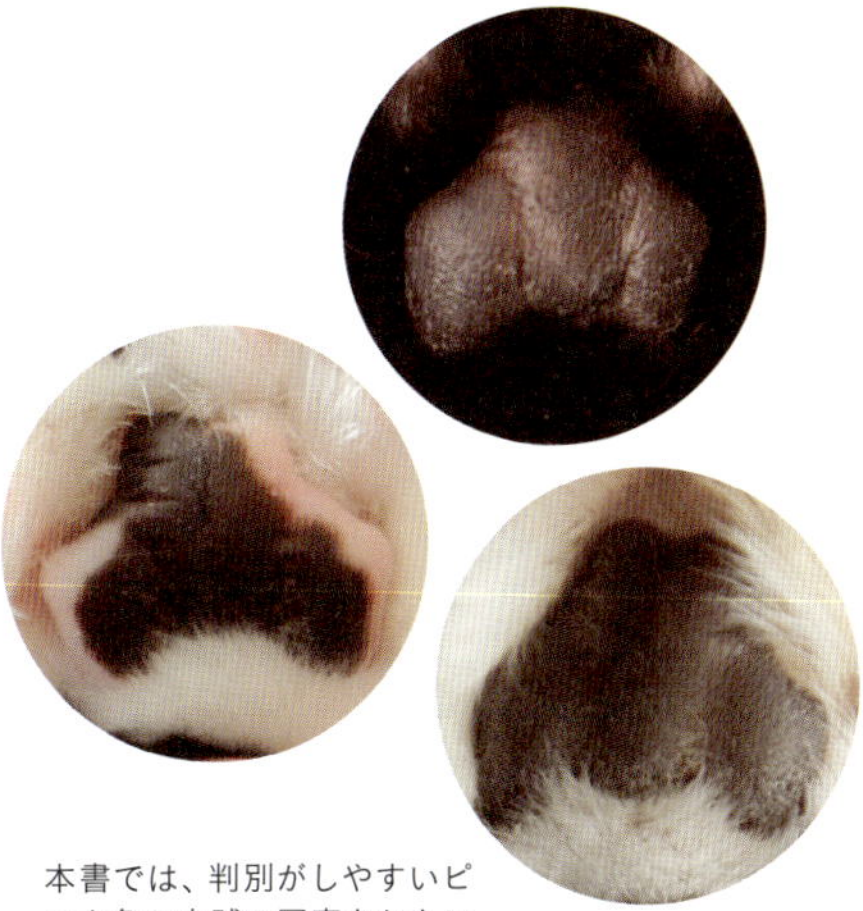

本書では、判別がしやすいピンク色の肉球の写真をおもに使用して説明していますが、ブチや黒など、色や柄は性格には関係ありません。どれもかわいい肉球ですね。

親子や兄弟姉妹は、顔や毛の色柄が似ていることがよくありますが、ねこてそも同じタイプのことが多いようです。

肉球にも遺伝があります

親子や兄弟で色柄が似ていることはよくありますが、肉球も似る傾向があるようです。性格が似ていると思ったら、手相もチェックしてみて。同じタイプかもしれません。なお、子猫のときは、まだ肉球の形がはっきりせず、大小の肉球の間のシワも薄いです。成長と共に形も変わっていく可能性があります。

判断できない場合は？

どのタイプに入れたらいいのかわかりづらかったり、肉球の形がちょっとゆがんでいる場合もあります。その場合は、一番近い形の性格に、別の形の性格の要素が入っていることがあります。また、性格は、性別や環境によっても変わってきます。たとえば一般的に、メス猫はオスに比べて神経質です。また、小さいときにノラ生活をしているなど、厳しい環境で育った猫は、怖がりだったりします。個々の猫の事情も考え合わせてあげてください。

うちの子の ねこてそ 1

↑もこ(8)♀／長毛三毛猫。常にマイペース、好きな物はかつお。ねこてそ不明

↑じじ(8)♂／常にびっくり顔、好きな食べ物はまたたびの黒猫。B1タイプ

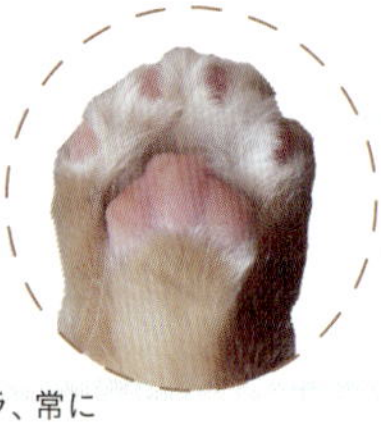

←もち(3)♂／茶トラ、常にお祭り騒ぎ、好きな物は食べ物すべて。C2タイプ

↑ゆず(1)♀／常にリラックス、好きな物は食べ物すべて。A1タイプ

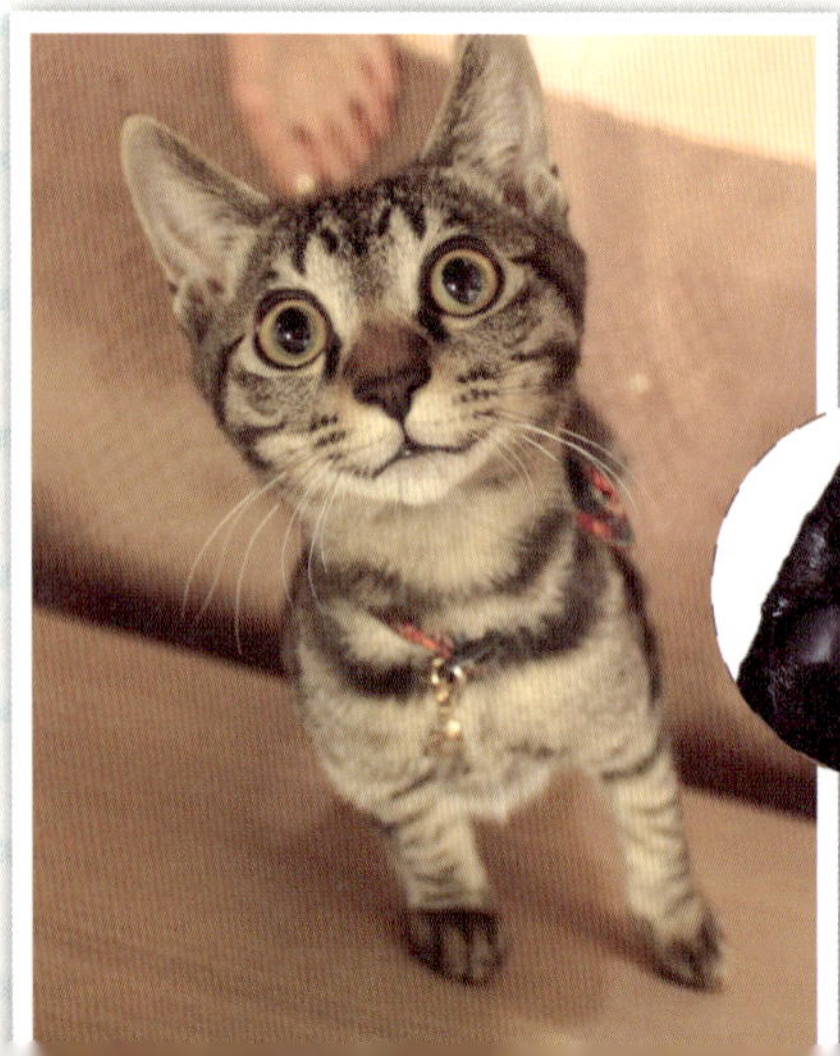

←遊(6ヵ月)♂／活発で食欲旺盛、少し甘えん坊。家を見回るのも日課。C2タイプ

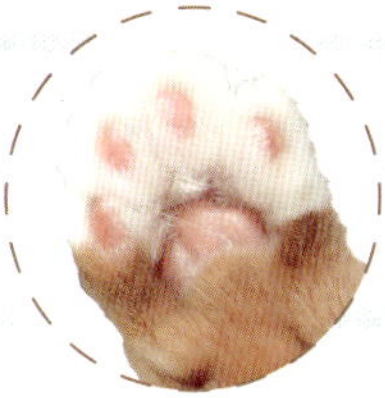

→キク(7) ♂/甘えん坊の弟。野菜が大好きな茶トラ猫。B1タイプ

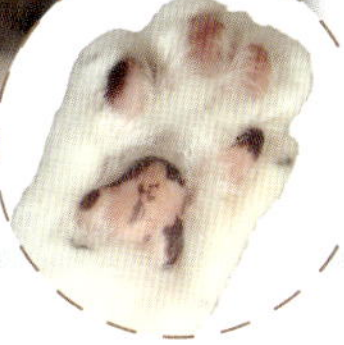

↑ミル(7) ♀/面倒見のいい姉。キクと大の仲良しの三毛トラ。Dタイプ

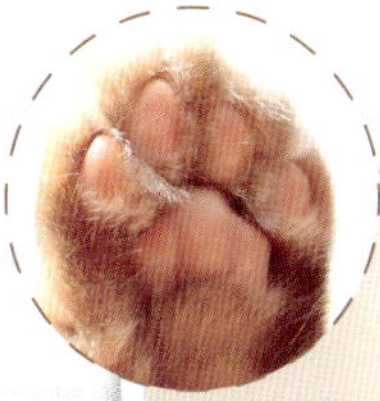

←とらごろう(1) ♂/愛称とらにゃん、足が長〜いヤンチャ坊主。B3タイプ

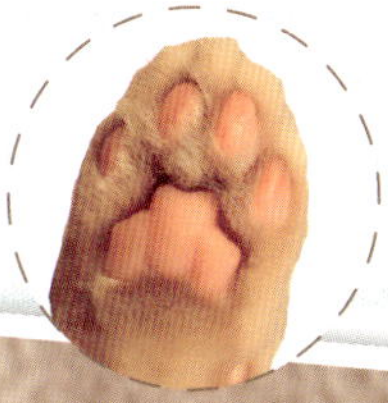

↑ごま(3) ♂/優しく弟思いの頼れる兄貴。賢いけれど甘えん坊。A1タイプ

↑うずら(2) ♂/人任せで世渡り上手な弟気質。寝てばかり。C3タイプ

ねこてそには五つのタイプがあります

大きく分けて五つのタイプです

猫の手相は、肉球の形によって五種類に分けられます。前のページで紹介した、大きな肉球（掌球）の形を見てください。はじめにチェックするのは、中央と左右の肉球のつながりです。境目がなく、中央と左右がつながって一つの肉球のように見えるときは、Dタイプです。また、中央と左右の肉球が全体にぎゅっとまとまって三角形をしていたらEタイプです。

どちらでもなかったら、中央の肉球の上側に注目してみてください。上の中央がきゅっとへこんで、ハート型をしていたらAタイプ。全体に丸い形をしていたら、Bタイプです。上側が横に平らになっていたら、Cタイプ。ハートタイプとCタイプは、ちょっと見分けがつきづらいかもしれません。平らっぽいけどちょっと凹んでるかな？という時は、両方の性格が入っていると考えてください。

あなたの猫の手相がどのタイプかわかりましたか？　それではさっそくそれぞれのタイプごとに紹介していきましょう。

A〜Eの五タイプを見分けよう

愛想がよくて甘えん坊な
頂点ハートタイプ

neko-teso **A** type

◀◀ 32ページ〜

人といつも一緒にいたいタイプです。呼べばにゃーと答えてくれる素直さで、家の中を明るくしてくれます。

ちょっぴり野生の
雰囲気も残る
頂点まるタイプ

neko-teso **B** type

◀◀ 40ページ〜

独立心が旺盛で、動きもしなやか。生き物としての美しさを感じられるタイプです。人に媚びず、強く生きていきます。

neko-teso **C** type

自分のペースは乱さぬ インドア派
頂点平行タイプ

あまり激しい行動はとらず、のんびりと寝ていることが多いタイプです。でも食べ物に対してはグルメな一面も。

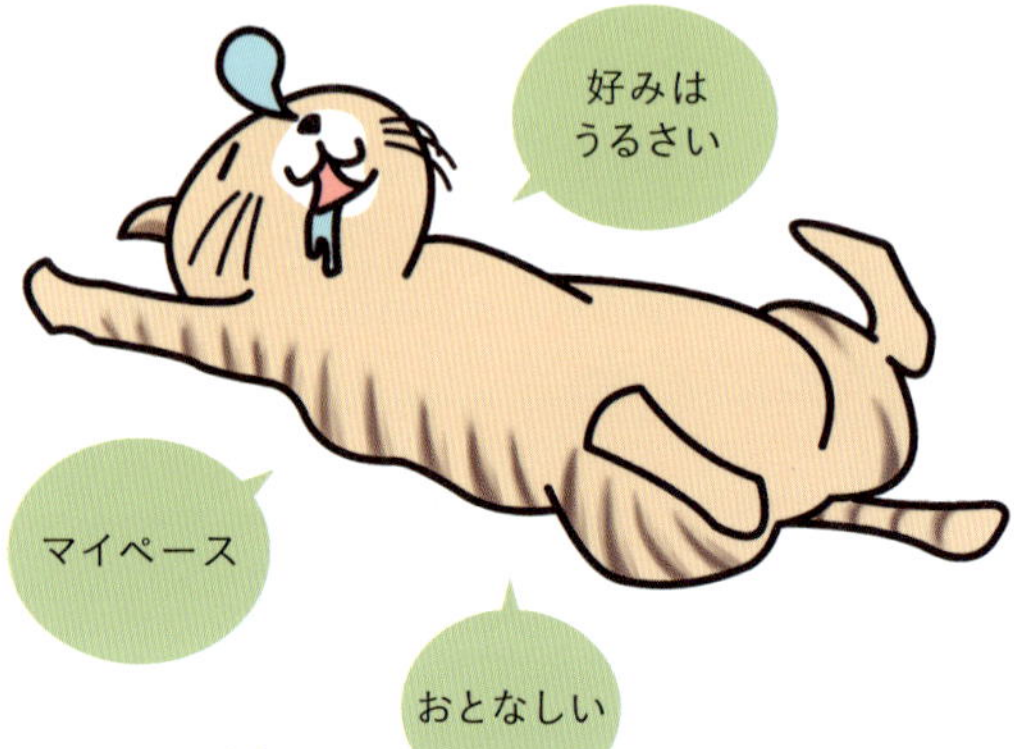

◀◀ 48ページ～

neko-teso **D** type

怖がりで引っ込み思案 人をとりこにする
みぞなしタイプ

見慣れないものや、変化をとても嫌います。主張も弱めでとらえどころがないので、構わないではいられません。

◀◀ 56ページ～

◀◀62ページ～

わがままに見えるけど
すごく繊細な

三角タイプ

neko-teso

E type

おこりっぽく見える猫が多いのは、主張がはっきりしているから。何がよくて嫌なのかをわかってあげることが重要。

mini column

猫祭りでワッショイ！

お祭りは楽しいものですが、かわいい猫が主役ならなお盛り上がりますよね。まあ、猫は賑やかなところは好きそうじゃないんで、主に人が喜んでるだけではありますが（笑）。主役不在でも盛り上がってしまうのが、猫の魅力であります。

世界でも最も有名な猫祭りが、ベルギーで開かれる「イーペルの猫祭り」。4年に1度だけ開かれる、オリンピック級のお祭りです。世界中から集った猫好きが、猫の仮装でダンスを踊ったりパレードをしたりして楽しむそうです。次回の開催は2015年。機会があればぜひ訪問して、外国猫の手相も拝見したいものですな。

世界でも屈指の猫好き国、日本も負けていないですよ。招き猫発祥の地・豪徳寺では「たまにゃんまつり」を開催。ゆるキャラのたまにゃんも参加します。「吉祥寺ねこ祭り」は、地元の店が中心となってイベントを開き、飼い主のいない猫の譲渡会も行います。また「かんなみ猫おどり」は、猫の化粧をしてみんなで踊る楽しいお祭りです。

暁もいつの日か、猫手相ブースでお祭りに参加してみようかなんて企んでおりますよ。

イーペルの猫祭り／次回開催2015年5月10日（ベルギー）
豪徳寺たまにゃんまつり／毎年5月開催（東京都世田谷区）
吉祥寺ねこ祭り／毎年10月開催（東京都武蔵野市）
かんなみ猫おどり／毎年夏開催（静岡県田方郡函南町）

猫充

column 1

暁先生が行く！

まったり猫がお手迎え 猫カフェ「猫式」（川崎）で手相を見る

広々としたフロアでくつろぐ猫たちと触れ合える

猫の手探して三千里〜というほど遠くはないですが、やってきました。猫カフェへ。伺ったのは川崎市にある「猫式」。階段を登ってドアをあけると、やや！ ガンダムのフィギュア？

「ふふ。実は猫式っていう名前は百式から付けたんですよ」

快く迎え入れてくれたのは、店長さん。実はわたくし暁もガンダム大好き。これは気分が上がります。

　さて、それではさっそくおじやまします。おお〜！ 猫さんたちが思い思いにくつろいでますね。広びろした店内には、ソファや猫タワーが設置され、猫の過ごしやすい空間が作られています。窓際の本棚にはたくさんのマンガがあり、人間は読書とお茶をたしなみつつ、猫を愛でられるようになっています。

「彼女が猫と遊ぶ隣でひたすらマンガを読んでいる彼氏さんもいます。写真を撮る方もいるし、自由に楽しんでいただければ」

　では、わたしはちょっくら手相を拝見させていただきましょう。ふむふむ。ハート型に平行、丸と、各種揃ってますな。黒猫のルーちゃんは人気者の丸タイ

いらっしゃ〜い

ネーナちゃんとすっかりうちとけた暁先生。「このままつれてかえりたいなあ…」

みんなに人気の黒猫ルーちゃんは丸型の肉球。白黒のネーナちゃんはハート型でお膝が大好きです。

プですが、どうでしょう？

「たしかに他の子たちとも仲がいいですね。茶トラのチャックはルーが大好き。オットー君やマリーちゃんとも仲良しです」

猫カフェと里親探しを兼ねたスペース

実は、猫式にいる猫さんたちは、里親を募集中。

「里親探し団体から引き取り、飼い主を見つけるお手伝いをしています。お店に通って猫と仲良くなって引き取ってくれる人も多く、そのあとも近況報告に来てくれるので安心です」

わたしの膝でゴロゴロ言っているネーナちゃんも、次回会える確証はないんですね。ちょっとさみしいけど、よい飼い主が見つかりますように。猫を飼いたい方は、猫式に一度足を運んでみてはいかがでしょう。

information

猫カフェ「猫式」

http://www.neko-shiki.net
tel.044 (814)0807

神奈川県川崎市高津区溝口
1-20-10東方ビル3Ｆ
月曜日定休（月曜が祝日の場合は営業、翌日が定休日となります）
営業時間：12:00 ～ 20:00

やはりホットカーペットは大人気。自由気ままにくつろぐ猫たちの空間に、人間がおじゃまさせてもらう雰囲気です。

neko-teso

A type

頂点ハートタイプ

愛想がよくて甘えん坊
構われるのがうれしい
愛され上手タイプ

teso check!

かわいらしいハート型の肉球が特徴です。

point❶
大きな肉球が2つの山に分かれ
ハートに見える

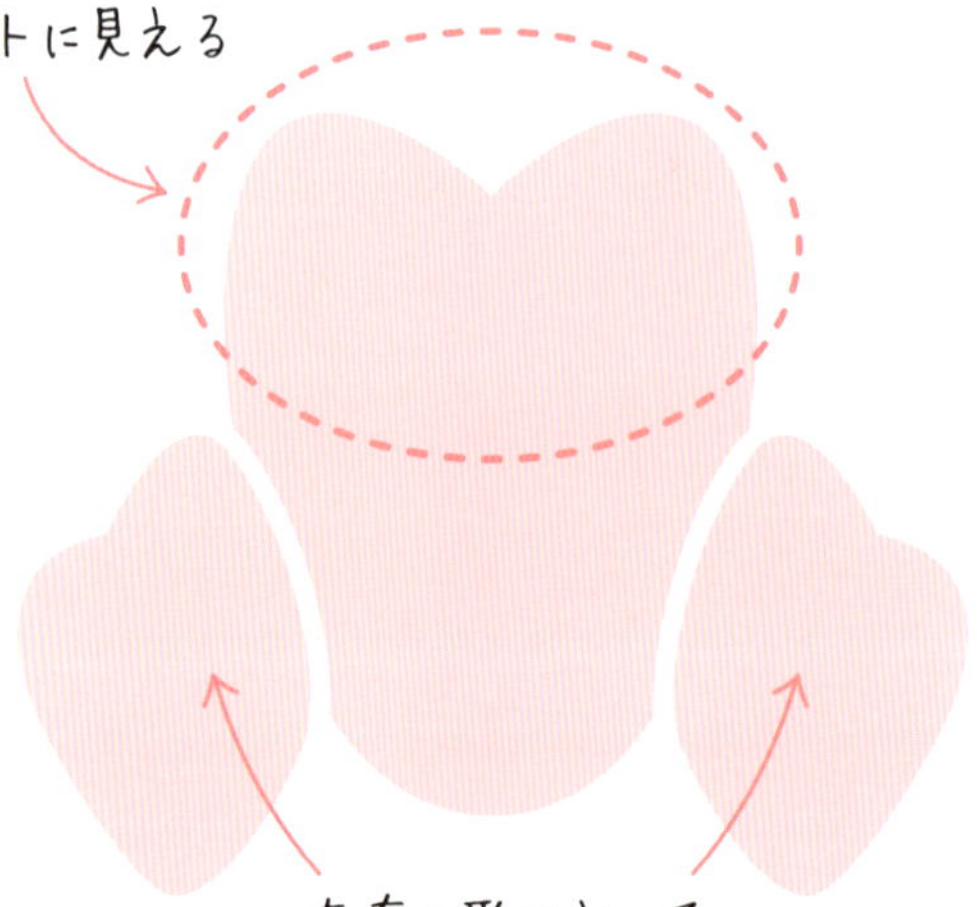

point❷ 左右の形によって
5つのサブタイプがある

charactor

- 人なつっこい
- やさしくてさみしがり
- アイドル気質

lucky item

ふわふわクッション、リボン

lucky color

パステルカラー

cats teso-photo

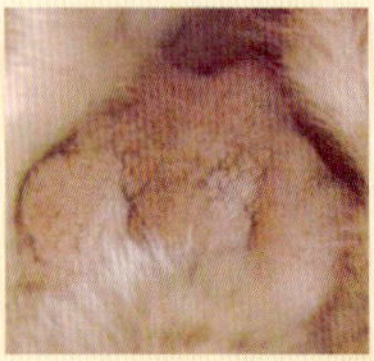

トンちゃん (5?) ♂
東京都・ムギマル2在住

人なつっこく、とってもよく喋るおしゃべりなタイプ。新しいお客さんがやってくると、挨拶に来る社交性のある子

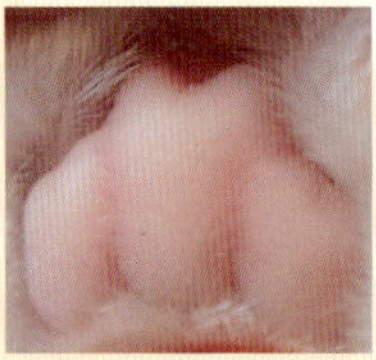

ユイちゃん (1) ♀
川崎市・猫式在住

甘えん坊で、お膝だっこも大好き。山梨県の六郷で保護された猫ちゃん。クッキリときれいなハードタイプ。

「構って構って〜」と寄ってきたら、遠慮することなく撫でまわしても大丈夫。可愛がられるために生まれてきました。

基本性格

構われるのが大好きで アイドル体質のかわいこちゃん

全タイプのなかで、もっとも人なつっこいのが頂点ハートタイプ。飼い主に愛想がいいのはもちろん、初対面でも人見知りをすることが少ないのが特徴です。誰にでも裏表なく気持ちよく接してくれるので、みんなから好かれます。このタイプの飼い主に性格をたずねると、悪い答えが返ってくることはまずありません。まさに愛され上手なアイドルなのです。その一方で、よく「猫らしい」と言われる自分中心で斜に構えた性格が好きな人にはちょっぴり物足りないかもしれません。

ハートタイプは遺伝が出やすく、親がこのタイプなら子供も同じのことが多いようです。

▼性格、気性

おおらかだけどさみしがり さみしいときはちゃんと言う

あまり細かいことにくよくよせず、おおらかなのが特徴です。誰でもいいわけではないですが、比較的よく心を開いてくれるでしょう。おもいっきり可愛がってあげても大丈夫。可愛がられるのが好きな一方、さみしがりやの面も。さみしいと思ったら自分から気持ちを表現してくるので、しっかりくみとって愛情を注いであげてください。

▼才能

人の心を読む力
家族の雰囲気も明るく

飼い主の愛情を素直に受け入れる才能はピカイチ。なでるとすぐにひっくり返ってお腹を見せる猫は、このタイプに多いようです。人間に近く寄り添っていることが多いので、人の心を察知するのも上手。飼い主が寂しそうにしていると、慰めてくれることもあります。飼い主のことをわかってくれるやさしいタイプなので、家族全体の雰囲気も明るくなるでしょう。

▼飼い主の付き合いかた

どんどん可愛がって
素直に愛情表現

愛情を拒否されることはないので、ベタなくらいに可愛がってあげて。ツンデレタイプではないので、お互い素直に付き合えるでしょう。さみしがりやなので、あまり留守にしないほうが好ましいですが、出掛けざるを得ないときは、帰宅してからご機嫌をとってあげるとよいでしょう。

▼健康面

構い過ぎ、食べさせすぎ
には注意!

素直に喜んでくれるので、ついつい構いすぎてしまう可能性があります。飼い主の愛情に毎回ちゃんと答えてくれるので、それが猫のストレスになることもあります。猫の様子を見て、疲れていそうだったらゆっくり休めるように、リラックスできる環境を用意してあげましょう。また、出してもらった餌を喜んで食べ過ぎる傾向もあるので、食べさせ過ぎにも気をつけてあげて。

Talk Room

なんだか僕たちは仲間のタイプがいろいろあるんだね。

基本的にはみんな愛らしいタイプなんですけれど、ハートの中央の形によって性格が違いますね。

それどういうこと？

ハートのくぼみがどちらかに寄っていたり山が尖っているのは「コダワリタイプ」とでも言いましょうか。

マニアックなのかな。そんなのどうでもいいから僕はもっと飼い主にオモチャで遊んでほしいなあ…(笑)

A1 type

teso check!

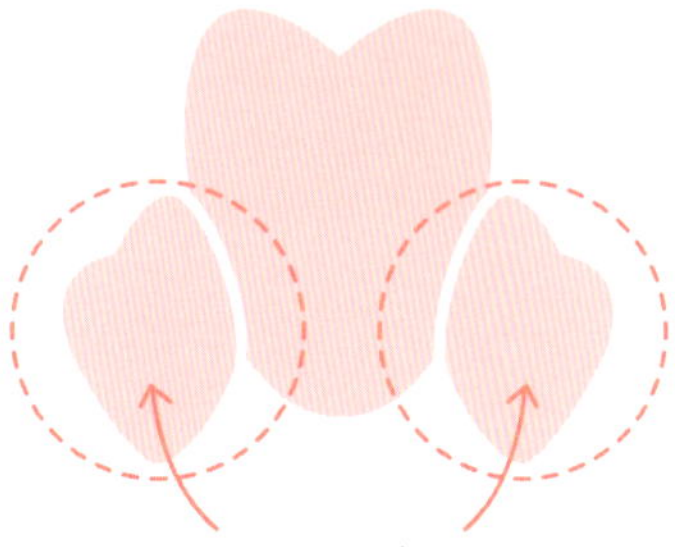

point 左右の肉球がハート型

charactor

- 甘えん坊で人懐っこい
- おしゃべり

▼A1タイプはこんなコ

トリプルハートは甘えん坊。人のことが大好き！

ハートタイプの中でももっとも人なつっこい。構ったときに、怒ることはまずありません。おしゃべりも大好き。何かしてほしいことや報告したいことがあると、一生懸命猫語で話しかけてきます。ほかの猫にモテるせいか、脱走癖がある子もいるので気をつけてあげて。

A2 type

teso check!

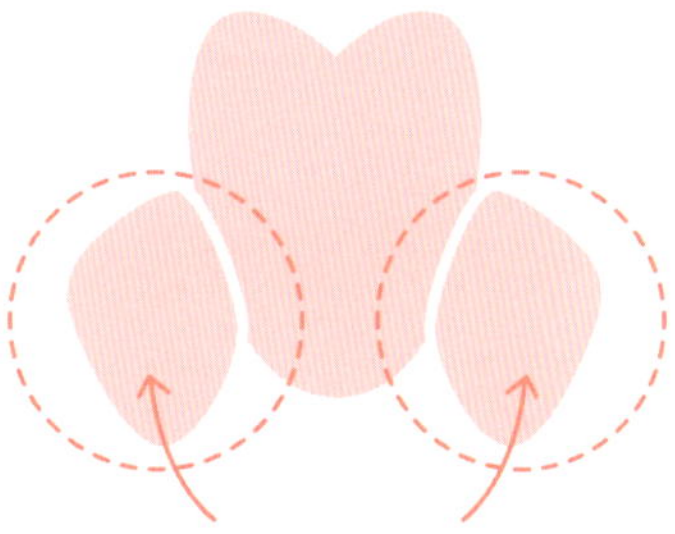

point 左右の肉球が菱型

charactor

- 空気が読めない
- ちょっと犬っぽい

▼A2タイプはこんなコ

飼い主さんが大好きで、すこし犬っぽい

飼い主が大好きで、そばにいられれば幸せ。飼い主みょうりにつきますが、ちょっぴり飼い主依存症気味なのがたまにきず。人間の都合を気にして行動をひかえることはなく、良く言えばおおらか、悪く言えば空気の読めないタイプ。遊ぶのが好きで、犬っぽいといえるかも。

A3 type

A3タイプはこんなコ

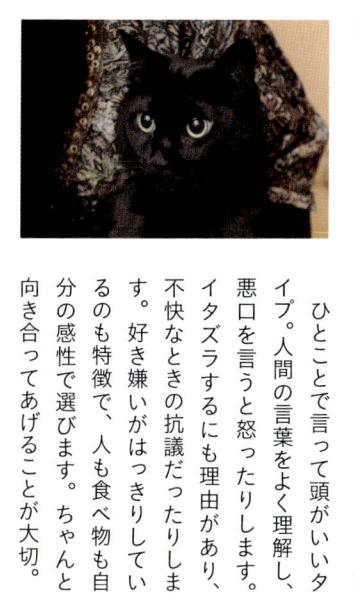

感性が豊かで人の言葉を理解する賢いタイプ

ひとことで言って頭がいいタイプ。人間の言葉をよく理解し、悪口を言うと怒ったりします。イタズラするにも理由があり、不快なときの抗議だったりします。好き嫌いがはっきりしているのも特徴で、人も食べ物も自分の感性で選びます。ちゃんと向き合ってあげることが大切。

teso check!

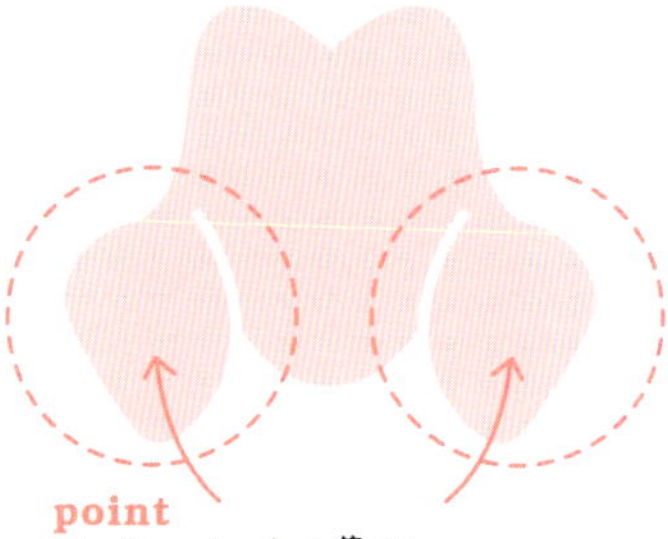

point
左右の肉球が菱型
位置は下のほうについている

charactor
- 頭がいい
- 好き嫌いははっきり

やさしさにあふれるAタイプは、人間がさみしがっている
ときにそばにいて、慰めてくれることも多いようです。

A4 type

teso check!

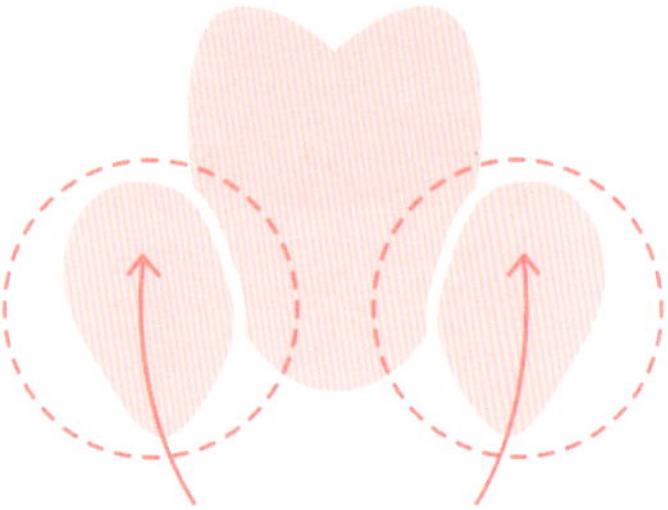

point 左右の肉球が丸い

charactor

- あきらめがち
- おっとりしている

A4タイプはこんなコ

おっとりしていてひかえめ。あきらめも早い

多頭飼いの場合だと、なんとなく影が薄いのがこのタイプ。自分が前に出るのではなく、ほかの猫に譲ってしまいがち。病院や爪切りなどイヤなことをされても、抵抗するものの結局は諦めてしまいます。自然界では生きていくのが難しそうなおっとりさん。でも食欲は旺盛です。

A5 type

teso check!

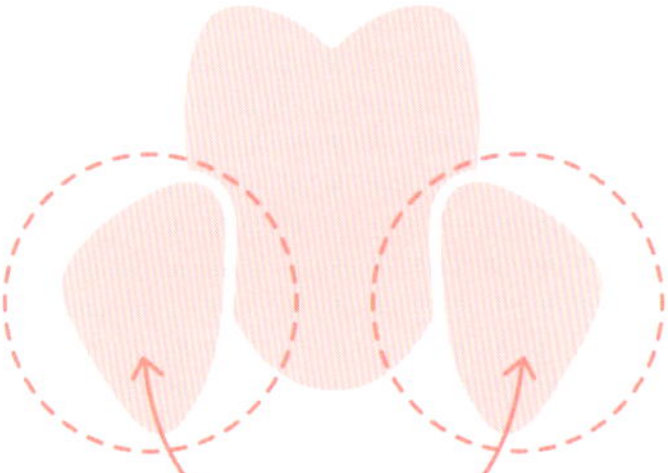

point 左右の肉球が三角形

charactor

- 人なつっこい
- やさしい性格

A5タイプはこんなコ

王道のハートタイプ。かわいさにあふれる

とりたてて際立った特徴はなく、もっともオーソドックスなハートタイプだと言えるでしょう。人なつっこくてやさしい性格をもち、ハートタイプのかわいらしさを備えています。特に体が弱いこともなく、食欲的にもごく普通なので、飼いやすいでしょう。

ねこてそマンガ Aちゃんあるある

おしゃべり上手

歩きながら

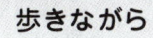

neko-teso B type

頂点まるタイプ

ちょっぴり野生の雰囲気も残る、猫らしさが際立つ体育会系タイプ

teso check!

肉球の上側が丸くカーブを描いています。

point❶ 大きな肉球の上側には切れ込みは入っていない

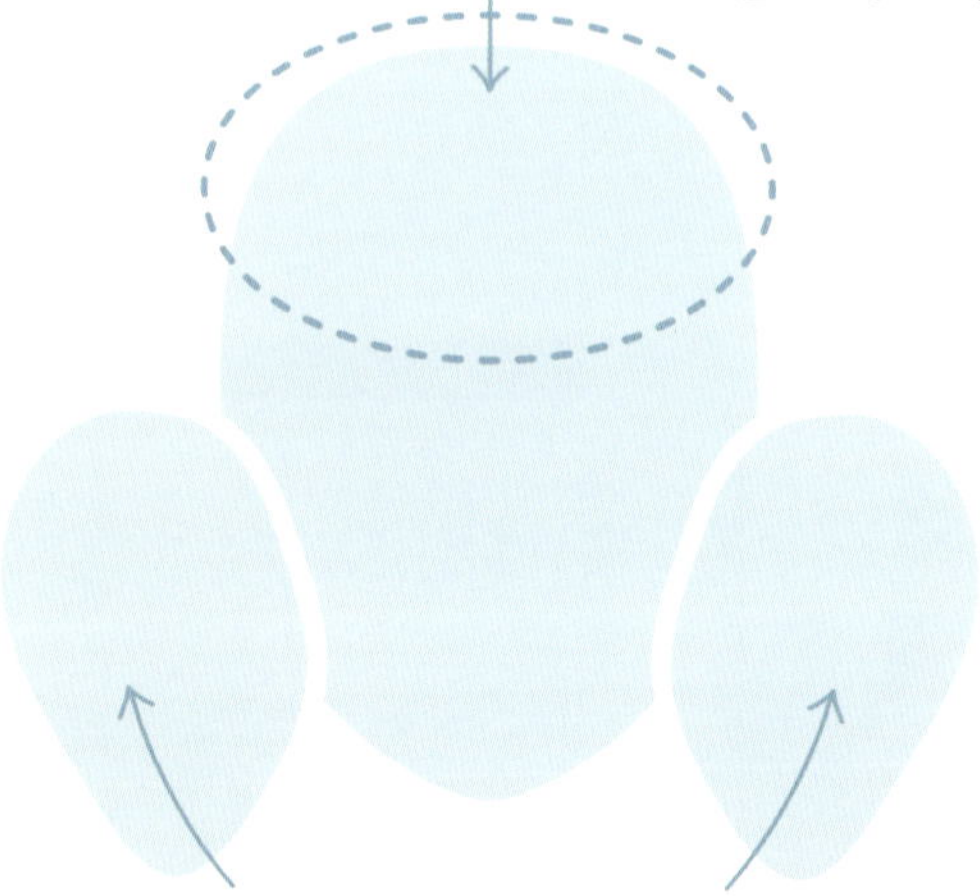

point❷ 左右の形によってタイプが3つに分かれる

charactor

- 人にはあまり媚びない
- 生命力が旺盛
- 猫らしさナンバーワン

lucky item

キャットタワー

lucky color

レッド、ビビッドカラー

cats teso-photo

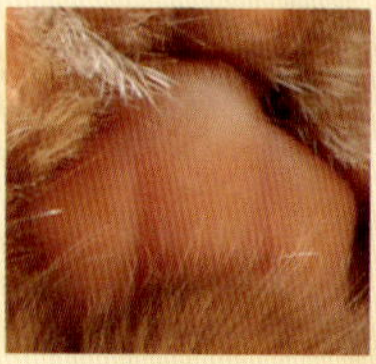

とらごろう（1）♂
toranyansan宅

人気のブログ猫です。愛称はとらにゃんでコミカルでやんちゃな様子を毎日公開中～。

ルーちゃん（5）♀
川崎市・猫式在住

B2タイプのルーちゃんは、猫カフェの中でもみんなの人気者で自然とほかの猫が寄ってきます。

凛とした出で立ちが素敵。歩いているところを見ているだけでも、猫っていいなと思えてきます。

基本性格

猫らしさが魅力 ただしタイプでちょっと違う

みんなが思う「猫っぽい」タイプの代表格。猫は犬に比べて野生っぽさがあるとか、人に媚びないとか言いますが、そういった性格をもった猫が多いようです。猫らしさを堪能したい人にはもっとも魅力的なタイプかもしれません。

注意したいのは、このタイプは、左右の肉球の形によって、性格がだいぶ違ってくるところです。亜種は3タイプありますが、B1タイプが飼い主以外にはなつきづらいのに対して、B2とB3は比較的分け隔てなく人なつっこいという特徴があります。

とはいえ、大本に流れる「猫っぽさ」は共通しています。

▼性格、気性

しなやかで ちょっと野生も残る

Bタイプは全般的に、猫らしいしなやかさが性格からも感じられます。

B1タイプは一番野性的。冒険心が強く、縄張り意識も高いようです。それに比べると、B2タイプはもうちょっとおっとりしていて、人に甘えたりもします。B3タイプも人に対して愛情を示してきます。ただし、猫である自分と人間とは区別して考えているようです。

▼才能

コミュニケーションをとるのは得意

人間との距離感を取るのが上手です。過剰に甘えてきたり、ずっと人の邪魔をして困らせるなどということは少ないようです。特にB-タイプはベタベタされるのはあまり好きではありません。でも、人が嫌いなわけではないので安心して。B2は甘えん坊の面もありますが、しつこく絡んでくることは少ないでしょう。また、B3タイプは、自分からコミュニケーションを取りたいときにはちゃんと主張します。Bタイプの猫は、家族構成が3人以上の家庭に飼われていることが多い傾向がありますが、大人数相手でもうまくコミュニケーションをとれるからかもしれません。

▼飼い主の付き合いかた

猫の気持ちになって考えてみよう

付き合いづらいタイプではありませんが、もっとも「猫」らしいタイプだけに、人間とは若干考え方が違うと思うとより付き合いやすくなります。猫は長い間人間と共に暮らしていますが、もとは野生動物。人間とは違った、彼らなりの理屈や考え方があるのです。猫の気持ちや立場になって考えてあげてください。猫の視点に合わせて、実際に姿勢を低くしてみると気持ちが見えてくるかも。

▼健康面

自己管理はできるほう基本的な世話をきちんと

ペットの悩みの多くは食べ過ぎによる肥満ですが、このタイプの猫は食べ過ぎてしまうことは少ないようです。B-タイプの中には狩りにでかけてしまうほど食欲旺盛な猫もいますが、健康面は良好です。とは言え、温度管理や衛生面などの基本的な世話は、もちろんきちんとしてあげてください。

Talk Room

先生、私の顔に何かついてます？さっきから見てますけど…

いや、つい見とれてしまって。君のタイプは美猫が多いんです。

あら（笑）ありがとう。タイプによってそんなことがあるの？

それがあるんですよ！　たぶん野性的だから動きもしなやかだし、それが美しさの理由かも。

猫式ダイエット売り出そうかな。

LOVE

B1 type

▼B1タイプはこんなコ

頭がよくてワイルド。当然モテ度ナンバーワン！

このタイプの特徴はとにかくモテ！ 凛とした雰囲気があり、猫ならではのかっこ良さを持った子が多いです。猫にモテるだけでなく、人が見てもほれぼれします。ネズミをとってきたり、やるときはやるぜという性格。冒険心があって頭もよく健康なところもモテの秘訣でしょう。

▼▼
teso check!

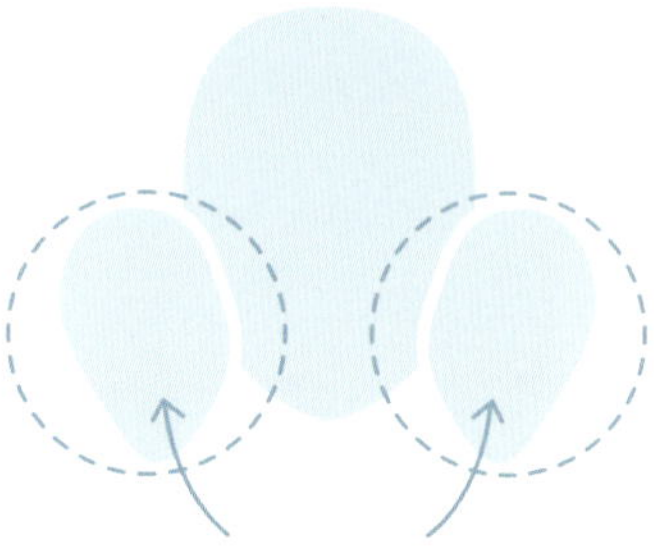

point 左右の肉球も丸い

charactor
- 他の猫からモテモテ
- 媚びることはしない

mini column
猫には不思議な力がある!?

昔から猫には不思議な力があると信じられてきました。たしかに、しなやかな体つきや光る目を見ていると、この子たちには特別な力があるんじゃないかと思うこともしばしばです。

古代エジプトではまるで王族と同じように大事に扱われて、死んだあともミイラとして祀られていたそうです。なお、猫のミイラはイギリスの大英博物館などで見ることができるので、機会があればぜひ訪ねてみてください。小さくてかわいらしいですよ。

その一方で、ヨーロッパでは魔女の使いとして迫害をうけたことも。また、日本でも、化け猫の民話や伝説がたくさん残されています。

また、最近でも、死期を教えてくれる猫が話題になりました。アメリカのリハビリセンターで飼われている猫のオスカーくんは毎日病室を回診してまわり、彼がつき添って寝た患者さんは、まもなくこの世からやすらかな顔で去っていくそうです。

特殊な能力がある猫は、はたしてどんな手相をしているのか…。オスカーくんの手相をいつかチェックしてみたいものです。

B2 type

teso check!

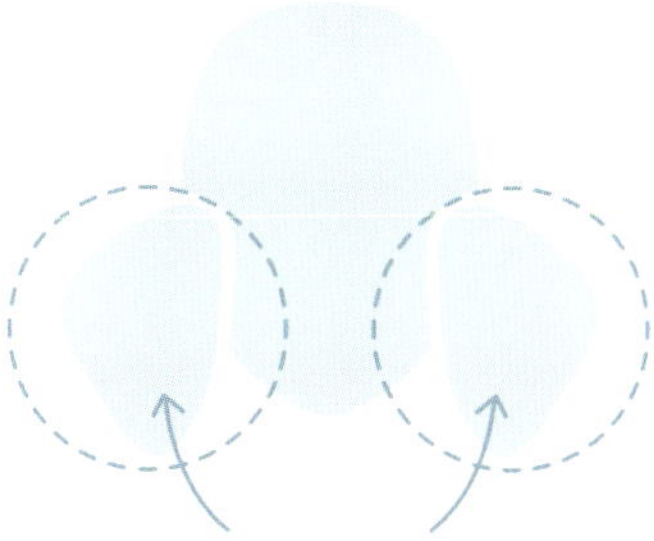

point 左右の肉球は三角形

charactor
- 怒りっぽくない
- おっとりしてやさしい

B2タイプはこんなコ

人の話を無視しない、よきパートナー

自分のことを人間だと思っているタイプではないけれど、人の話はちゃんと聞きます。B1に比べてのんびりしていて、甘えん坊の面も。やりすぎない程度に適度に話しかけてあげて、構ってあげるとよいでしょう。怒りっぽくもないので付き合いやすいタイプです。

B3 type

teso check!

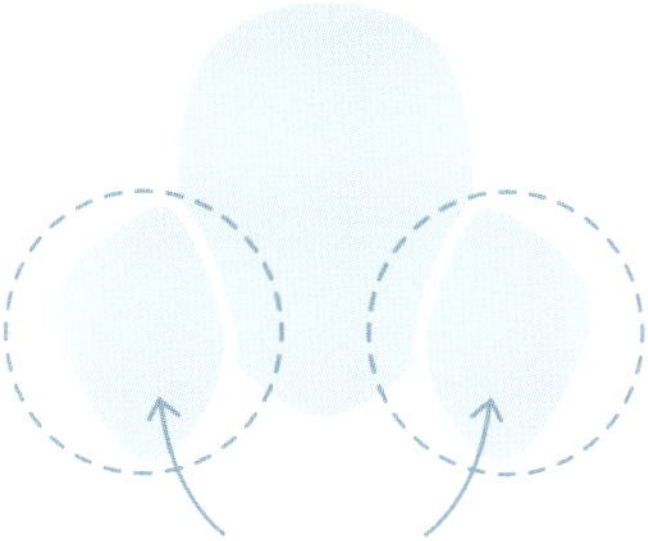

point 左右の肉球は菱形

charactor
- 人には理解しづらい行動
- けれど人にアピール

B3タイプはこんなコ

猫ならではの動きが多く、見ていてあきない

虚空や壁をじーっとみつめたまま座っていたり、急にぐるぐる回ったり。人には理解しづらい行動をとりがちなのがこのタイプです。たぶん猫ならではの理由があるのでしょう。猫の方から人にアピールすることが多いのはそのせい？　じっくり観察しているだけで楽しい。

ねこてそマンガ Bちゃんあるある

狩り

おしり

neko-teso

C type

頂点平行タイプ

自分のペースは乱さない
静かにすごすのが好きな
インドア派タイプ

teso check!

肉球の上側はあまりヘコみがなく、
横一直線に近くなっている

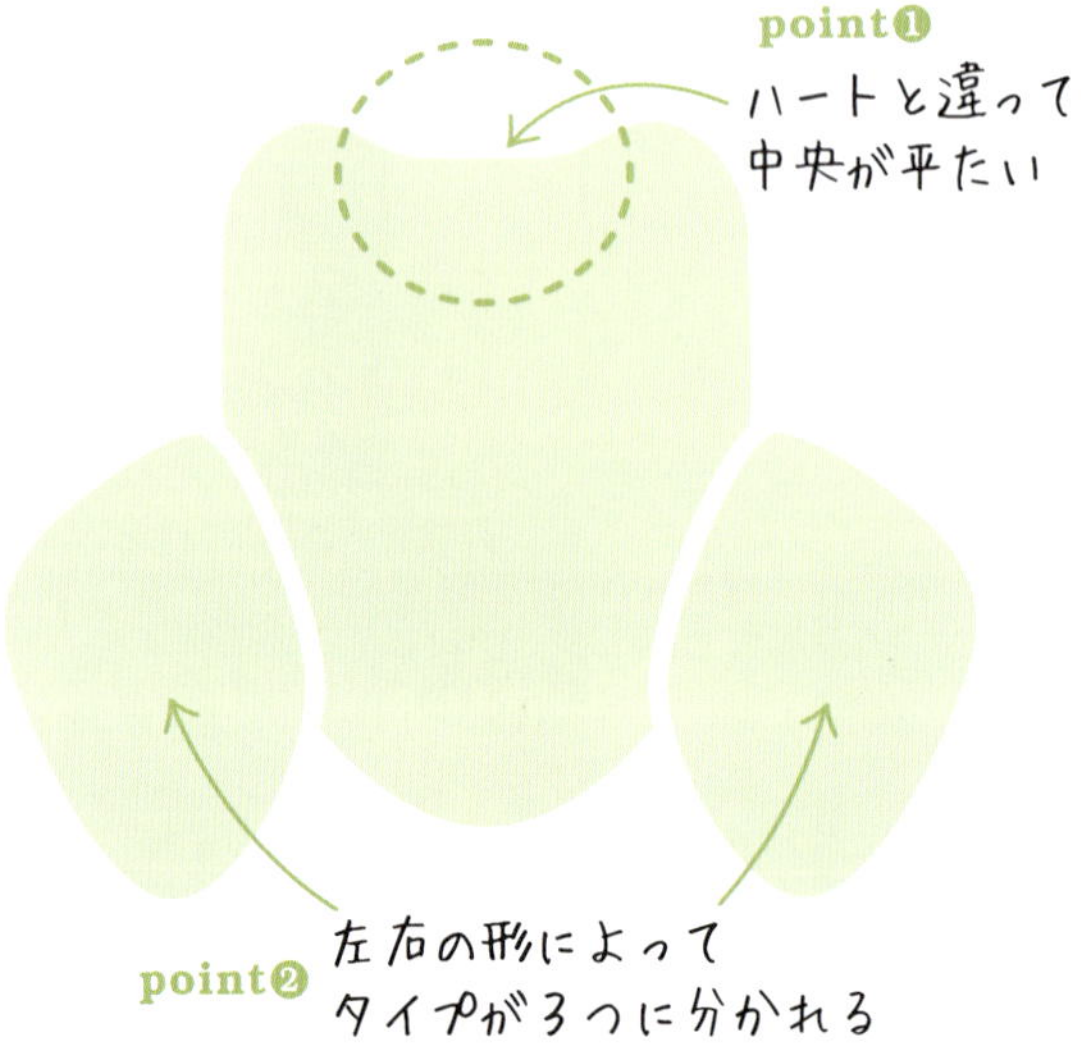

charactor

- 落ち着いている
- 静かに過ごすのを好む
- 食にうるさい

lucky item

新聞紙、バスケット

lucky color

グリーン

cats teso-photo

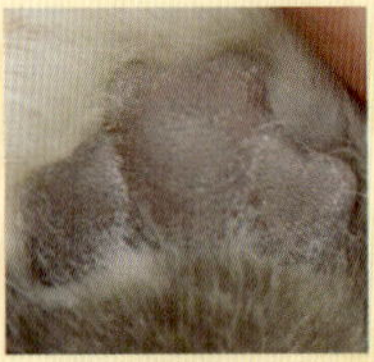

マツ子さん (7) ♀
東京都・大西さん宅

いつまでも見ていたくなるような佇まい。頭が良く察する力が強い。毎日食べるゴハンを選ぶグルメ。

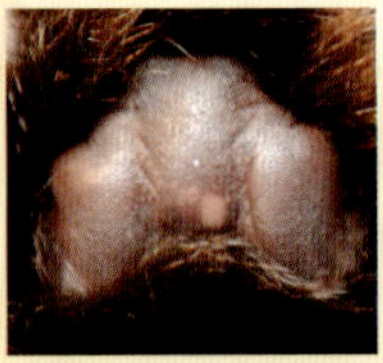

Lalaちゃん (4) ♀
横浜市・凜さん宅

おとなしくて飼い主思い、一緒に住んでいる2匹の猫たちのお母さんのような存在です。

人の腕に抱かれて静かにしているのも好き。人とともに、落ち着いた生活を送っていきたいタイプです。

基本性格

おとなしいけど けっこう好みはうるさい

大勢でわいわいするより、部屋のかたすみで静かにしているほうが好き。飼い主の都合やほかの猫に左右されず、自分のペースで生活するのを好みます。少人数の家庭や来客が少ない家など、変化が少ない雰囲気のほうが落ち着けるようです。

人間に対して強力にアピールするわけではありませんが、自分なりの好みははっきりしています。特に食べ物は好き嫌いが多い飼い主のほうから歩み寄って、理解してあげることが大切です。しかし猫の要求がわかったときのうれしさは格別。自分こそがこの子の飼い主にふさわしいという満足感も味わえるでしょう。

▼性格、気性

冷静でおとなしい アピールも少なめ

人間に対して猛烈にアピールすることは少なく、冷静です。もちろん嬉しいとか嫌だという感情はありますが、表に派手に出すことが少ないのです。棚の上からものを落としたりして、飼い主を困らせたりすることも少ないでしょう。

生活スタイルも、基本的には落ち着いています。静かに過ごせる場所を用意してあげて。

▼才能

自分のペースが守れれば 周囲の生活は邪魔しない

自分の生活ペースを守るのが上手です。周囲に影響されすぎずに、自分のスタイルを守ることができます。自分のペースを周囲に強制することもありません。また、自己主張があまり強くないので、周りの人間や猫たちのペースを乱して迷惑をかけることは少ないでしょう。ちょっとのことで大きな声で鳴いたりして、飼い主を困らせることもありません。必要のない無駄なことはしないという判断ができる頭の良さも備えています。

▼飼い主の付き合いかた

猫をよく見て 要求を察してあげて

このタイプは、自分の要求をあまり積極的に飼い主に伝えてきません。無口な猫も多いようです。ただし、猫が人間に感情を伝える手段は鳴き声だけではありません。ちょっとしたしっぽの動きや表情から、猫の感情はわかります。気をつけて観察して、猫の気持ちを読み取ってあげるようにしましょう。

▼健康面

グルメなだけに 食欲の判断が難しい

食べ物の好き嫌いが激しく、グルメな猫が多いのが特徴です。気に入った食べ物が出てくるまで、まったく口をつけないということもあります。猫の健康判断で頼りになるのが食欲の有無ですが、このタイプは、餌を食べないときに、好き嫌いが原因なのか、それとも体調が悪くて食べないのかの判断がしづらいのが難点です。必ず食べる好物を覚えておいて、おかしいと思ったときは判断に使うとよいでしょう。また、普段からおとなしめなので、具合が悪いことに気づきづらい可能性も。普段の健康チェックも怠りなく。

Talk Room

君のタイプは静かなうちで飼われてることが多いみたいですよ。リタイアした夫婦の家庭とか。

へえーそうなの？　たしかに自分の生活は大事にしたいですけどね。

自分の生活（笑）。飼い主というより同居人感覚なんですかね？

猫という生き物は、みんな多かれ少なかれそう思ってるんじゃないかな（笑）

猫に小判

C1 type

▼C1タイプはこんなコ

最も食事にうるさいグルメ猫

食の好き嫌いが激しく、餌の種類にもうるさいグルメ猫。食べ物に関しては、飼い主の頭を悩ませるかもしれません。要求に答えつつも、偏食しすぎないよう栄養状態には気をつけてあげて。でも食以外に関してはわがままではなく冷静なので、飼いづらくはありません。

▼▼ teso check!

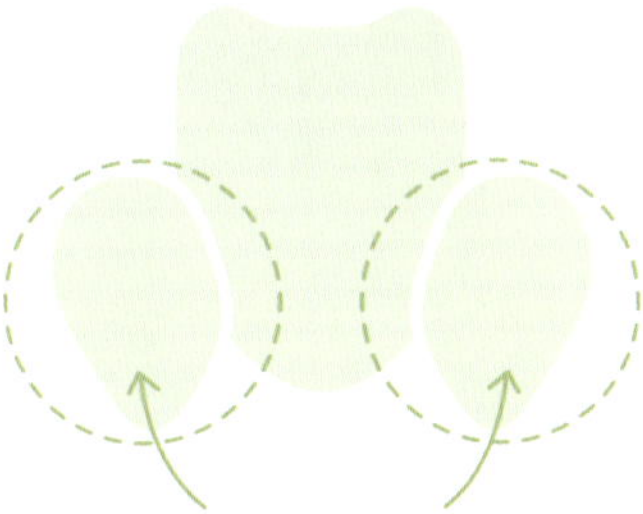

point 左右の肉球も丸い

charactor

- かなり我慢強い
- 特に食事にうるさい

C2 type

▼C2タイプはこんなコ

こだわりがあるけどわかりづらい

それほどこだわりが強いタイプではありません。と言っても、やはりCタイプ。何でも構わないというわけではないので、飼い主としては、好みを見分けるのが難しくて、ちょっと困るかもしれません。このタイプはあまり数が多くなく、珍しい部類に入ります。

▼▼ teso check!

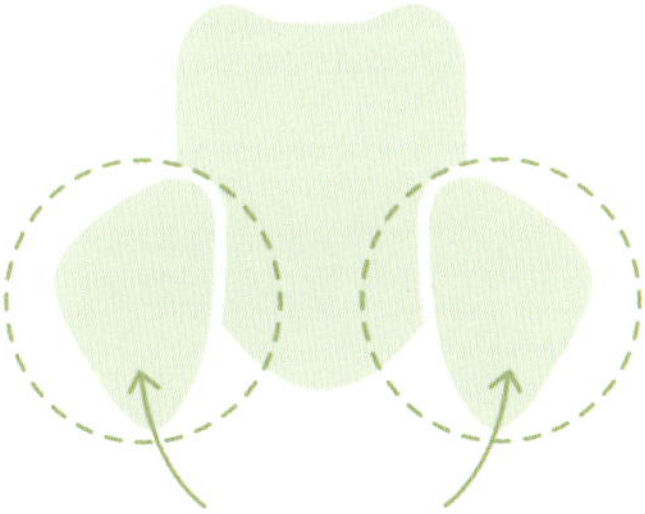

point 左右の肉球は三角形

charactor

- こだわりは少ない
- おとなしい

C3 type

C3タイプはこんなコ

考えごとをしているような落ち着きっぷり

行動面から見たら、もっともおとなしいタイプ。自分からあまり動かず、じっとしています。気に入った場所を見つけて寝ているのがなによりの幸せです。寝てばかりだと運動不足になりやすいので、時々はおもちゃなどで遊びに誘い出してあげるとよいでしょう。

teso check!

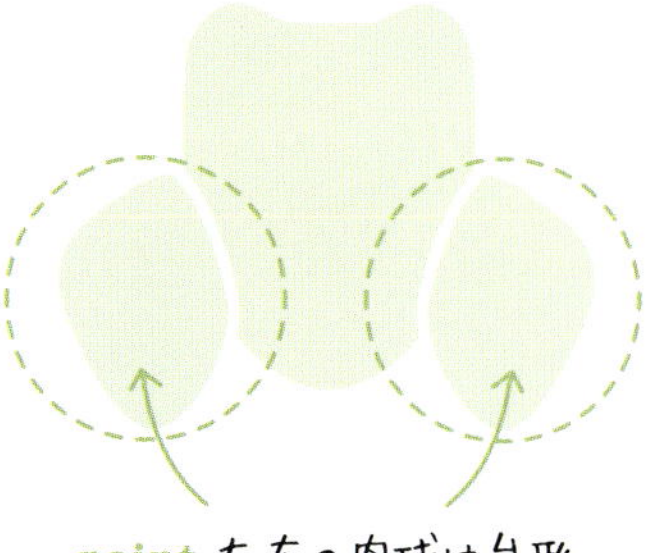

point 左右の肉球は台形

charactor

- じっとしているのが好き
- 自分からあまり行動しない

mini column

猫に会える観光案内

家の環境で猫と生活できない…。それでも猫に触りたい！　猫カフェや猫のいる店に行って猫充するのも癒されますが、思い切って猫だらけのパラダイスに行ってみてはいかがでしょう。日本には、「猫島」と呼ばれる、猫がたくさん住んでいる島があります。いくつか紹介しましょう。

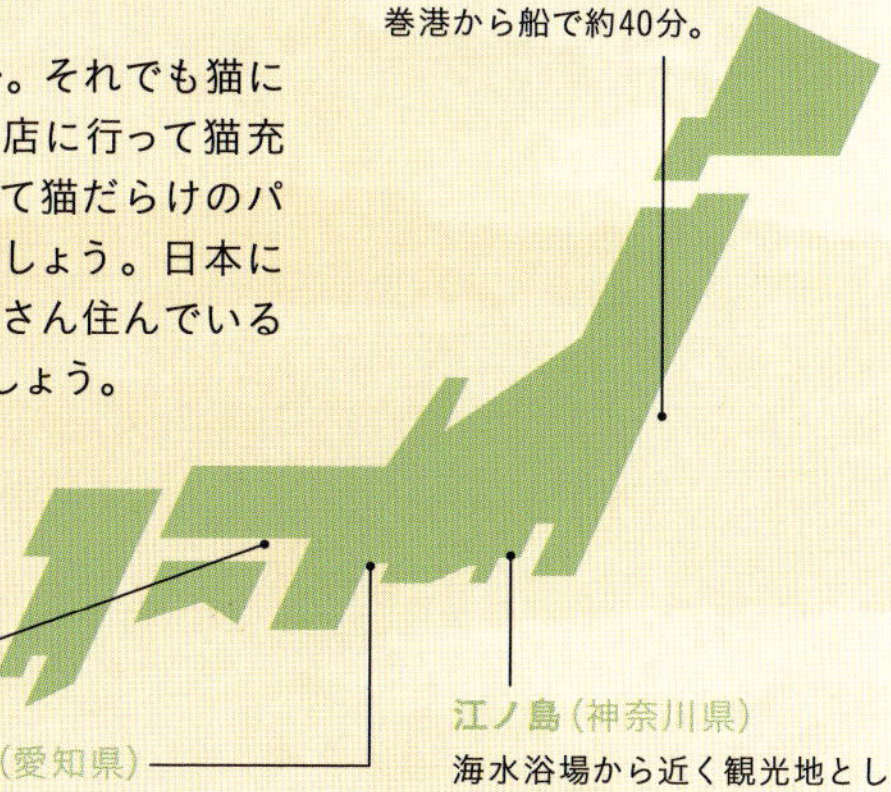

田代島（宮城県）

島民よりも猫が多い島として有名。島の中央には猫神社がある。石巻港から船で約40分。

真鍋島（岡山県）

映画［瀬戸内少年野球団」のロケ地としても有名。瀬戸内海の温暖な気候の中でのんびり暮らす猫達に会える。笠岡住吉港から船で50分（普通船）。

佐久島（愛知県）

昔ながらの町並みが残る町を歩きまわる猫たちと出会える。豆郡一色町の船乗り場から船で約25分。

江ノ島（神奈川県）

海水浴場から近く観光地としても有名。人に慣れていてなでたりしやすい。小田急江ノ島線・片瀬江ノ島駅から徒歩。

ねこてそマンガ

Cちゃんあるある

おじゃまします

抵抗できない

neko-teso

D type

みぞなしタイプ

怖がりで引っ込み思案
ついつい手を掛けすぎてしまう
キケンなタイプ

teso check!

肉球の上側はあまりヘコみがない

point❶
大きな肉球の上側には切れ込みは入っていない

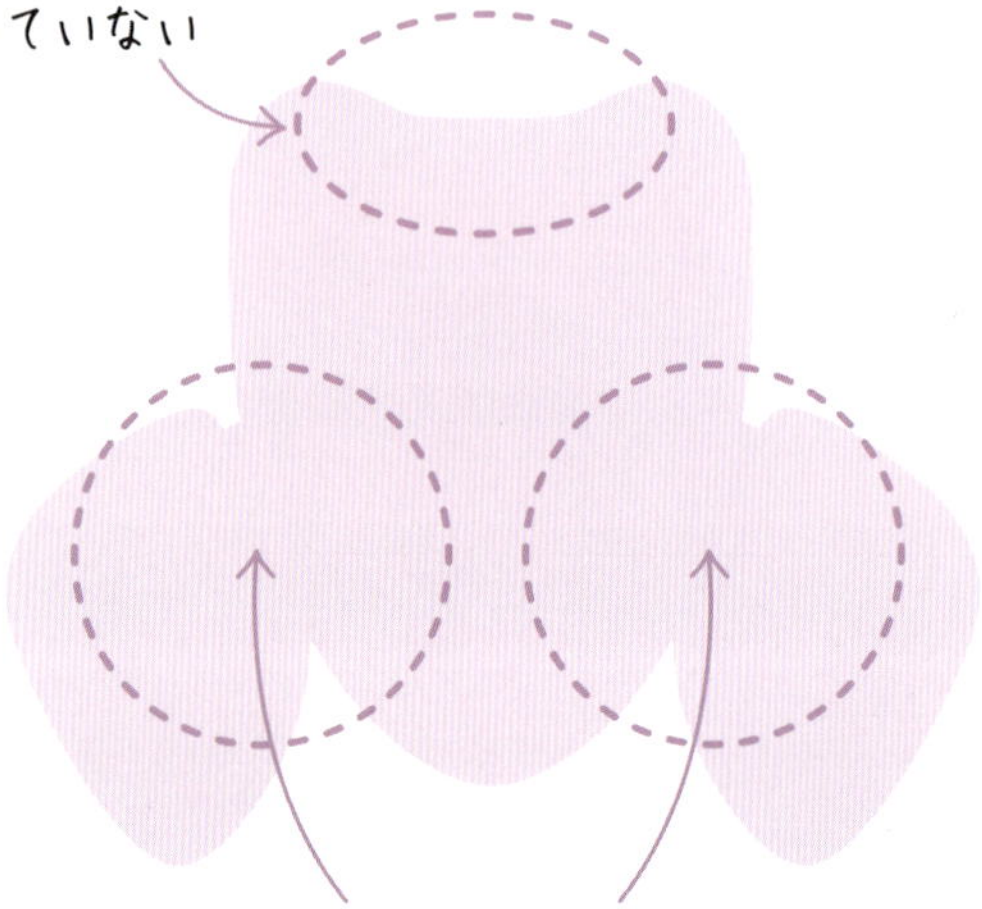

point❷
左右の肉球との間のみぞが薄く、つながっている

charactor

- おとなしくて臆病
- 利発とはいえない
- 弱々しい

lucky item

段ボール箱、スリッパ

lucky color

パープル

cats teso-photo

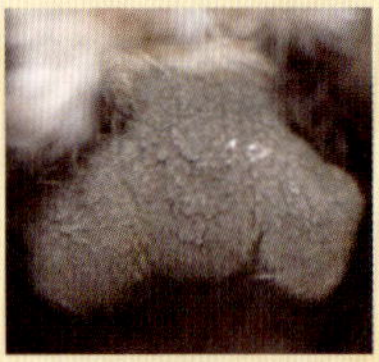

スンちゃん (5) ♀
東京都・ムギマル2在住

ごはんはおいしく食べるけれど、人にはつれないところがあるのが魅力。ちょっとだけ神経質。

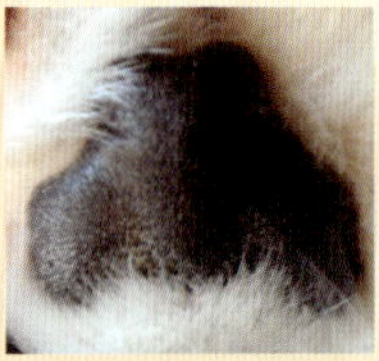

ネーナちゃん (4) ♀
川崎市・猫式在住

ちょっぴりシャイで臆病なところがあるけれど、慣れると甘えん坊に変身し、お膝でまったり。

たいした危険でもないのに、物陰でぶるぶるしながらこっちの様子をうかがっていることも……。でも性格だからしかたないんです。

基本性格

社交的ではなく守りたい気持ちにさせる

あまり外に向いた性格ではなく、飼い主だけと一緒にいたいタイプです。

臆病なので、ちょっとした物音にびっくりしてベッドの下に隠れてしまったりします。自分から物音のもとを探しに行くよりは、ひたすら隠れることでキケンをやりすごそうとします。肉食動物だった野生時代からは最も遠く離れたタイプかもしれません。冒険心が薄いので、いろいろなことにチャレンジしてみることも少ないでしょう。危ない目に合うことは少ないところは安心です。なんだかぼーっとしているので、飼い主としては心配で、ついつい守ってあげたくなってしまいます。

▼性格、気性

怖がりでツンデレ 暴れるのは怖いから

基本的には静かでおとなしい性格です。その一方で、急に暴れたりすることもありますが、抗議行動というより、臆病なので怖さのあまり暴れてしまった、ということが多いようです。普段は構ってもらいたいアピールは激しくありませんが、人が興味なさそうにしていると構ってもらいにやってくる、いわゆるツンデレタイプです。

才能
人をとりこにする不思議な魅力

自分で生きていく力が弱そうに見えるので、ついつい手をかけてしまいます。自分で餌をとってくるのではなく、人に餌をもらって生きている家猫にとって、手をかけてもらえるかどうかは死活問題。そういう意味では、むしろ生存能力に長けていると言えるかもしれません。人に対して自分から気にかける素振りをみせず、相手から自発的に気を使わせる、高度な才能を持っています。いわゆる「ツンデレ」タイプの代表と言えるでしょう。

飼い主の付き合いかた
ハマりすぎないように自分のことも考えて

このタイプの飼い主には、飼い猫を溺愛しすぎる人が多いようです。たしかに世話をやいていないと心配になってしまいますが、あまりに猫中心になり過ぎないように気をつけて。猫にとっても人に頼りきってしまうのはあまりよくありません。ちょっとぐらい離れていても、結構ちゃんと一人でやっていけるものです。あまやかせすぎには注意して。喜ぶからといっておやつばかり与えるなどの行動は控えましょう。

健康面
元気いっぱいではないので日々のチェックを忘れず

野性的な能力にあふれているほうではないので、自己管理もあまり得意ではありません。生命力も強いほうではないようです。好きなものをつい食べ過ぎすぎて吐いたりすることもあるので、あたえすぎには気をつけてあげて。毛並みのチェックや、どこか痛そうにしていないか、トイレの回数など、日常的な健康チェックも怠らずにしてあげてください。外出のときは、温度管理も忘れずに。

Talk Room

あの…今日は手相を見に来たんですが…そんなに怖がらないでくださいよ…。

……よくわからない人にはあまり近寄りたくないんです……。

手相を見せてもらうなんですけど、だめですかね？　なかなか慣れてくれないなあ。

（フーッ！）

飼い主さん早く帰ってきて……。

ねこてそマンガ

Dちゃんあるある

フと気配を感じて

ふ〜、仕事終わった〜
さーて……
はっ
じ——っ
後ろで見てるだけかい!!
じーっ

フとを視線を感じて

ZZZ
ん?
じ——っ
また見てるだけかい!!
じーっ

neko-teso

E type

三角タイプ

わがままに見えるけど、
本当は繊細。
我道をゆく「猫の中の猫」。

teso check!

肉球の中央部が全体にぎゅっとまとまっているのが特徴で、比較的小さめです。

point❶
肉球の全体の形が
三角形

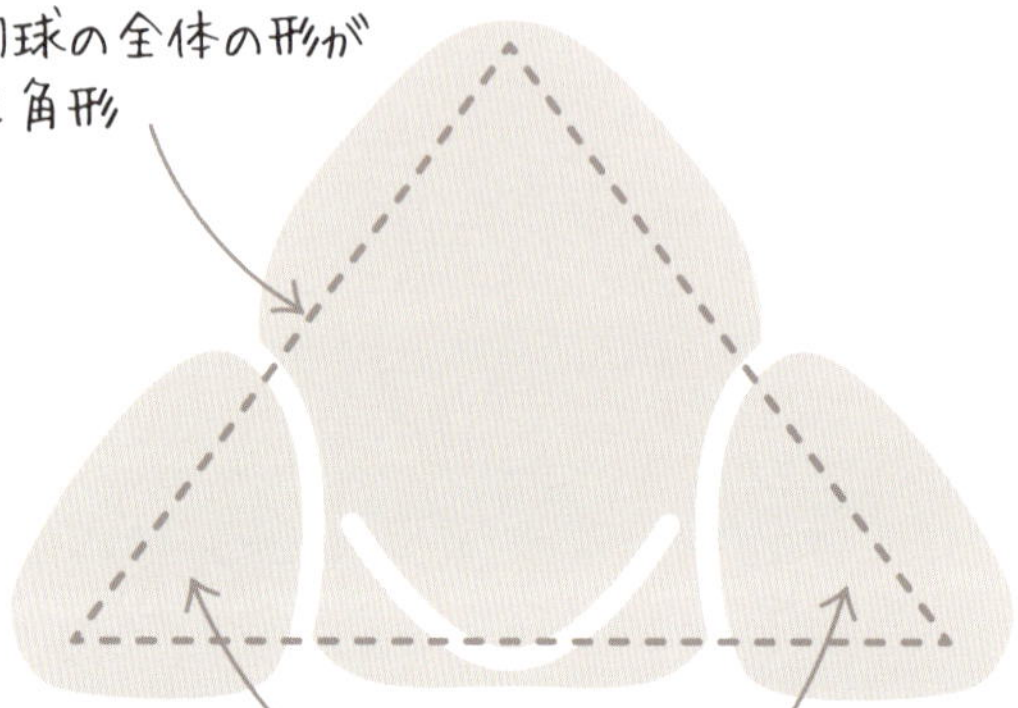

point❷
左右の肉球は小さめで
真ん中の肉球に寄っている

charactor

- 怒りっぽいけど実は繊細
- ゴーイングマイウェイ
- チャラチャラするのは嫌！

lucky item

キャンバス地の布、爪研ぎ

lucky color

モノトーン

cats teso-photo

一郎くん(8)♀
群馬県・Hさん宅在住

神経質で怒ると凶暴。家族全員気を遣っているが、赤ちゃんにだけは負けてあげる優しい子。

ゴロ(?)♂
群馬県・Aさん宅在住

六人家族ですがおばあちゃんと子供以外の人間は完全に無視。ゴハンが遅れると切れます。

「ここが気に入ってるんだから邪魔しないでください！」なぜそこがいいのかわかりかねますが、理由はともあれ猫を尊重するのが吉。

基本性格

私の世界を邪魔しないで！気位の高い芸術家タイプ

どっちが飼い主かわからない、俺様気質がこのタイプ。かわいがろうと思ってなでたら不満気な顔をされ、そればかりか急に怒り出すこともしばしば。猫からすれば「床の冷たさを堪能してるのに、なんで暖かい手で触るんだよ」ということかもしれません。扱いにくいと思われがちですが、それもすべて理由があってのこと。やりたいことがはっきりわかっていて、自分の世界を乱されるのが嫌なだけなのです。粗暴だから怒っているわけじゃなくて、むしろ繊細だと言えるでしょう。よく「猫は勝手」と言われますが、そういう意味ではもっとも猫らしいと言えるかもしれません。

▼性格、気性

時に激しく荒ぶるほどの気性をもつ

気位が高く、家族に対しても決して媚びることはありません。馴染みのない他人には、心を閉ざしてしまうこともしばしば。急に手を出したりしてもだめです。ただし、基本的には落ち着いています。

気まぐれに怒り出すように見えるけど、実は一貫しているのがこのタイプです。相手の邪魔さえしなければ、意外とつきやすいやすい相手かもしれません。

▼才能

冷静な観察眼を持ち 家族の「空気」も察知！

自分のことばかり考えているようにみえて、実は冷静に相手のことを観察しています。家族の中で偉いのは誰なのか、ヒエラルキーに敏感な面もあります。家族の中で偉そうな人の言うことは、いやいやながらも従ったりしますが、同じことを他の家族がやると烈火の如く怒ります。その実、子供にいじられても、なぜか我慢していたりするカワイイところもあります。相手を思いやっているわけではなく、「言っても無駄」と下に見ているからかもしれません。

▼飼い主の付き合いかた

人間の都合のおしつけ、猫の邪魔をしてはだめ

このタイプの子に接するなら、とにかく相手の身になって考えてあげて。繊細な気持ちを汲み取って、猫のやりたいことの邪魔になるようなことは避けるようにすれば、怒られることもなくなるはず。むしろ君のやりたいことは全部お見通しだ！　となれば飼い主として一人前!?

▼健康面

人間の都合のおしつけ、猫の邪魔をしてはだめ

食べ物には、特段の思い入れも、こだわりもない猫が多いようです。芸術家たるもの、ガツガツするなんてはしたないと思っているのかもしれません。そのため、太り過ぎや偏食などの心配がないのは、飼い主にとっては嬉しいところ。ただし、あまりベタベタするタイプでないので、健康チェックをしづらい面が心配です。食欲が極端に変わるなど、何か変化がないかどうか常に気にかけてあげましょう。いつもは怒る場面なのに、あまり反応がないなんてことがあったら、具合が悪くないか見てあげて。また、お気に入りの寝床を移動するなど、猫のストレスになることも避けましょう。

Talk Room

わたしと同じタイプが先生をずいぶん困らせたんですってね。

とほほ…この傷をみてくださいよ。

あら（笑）。まあでもしかたないわね。嫌がることをやるからよ。

手相みてほしい仲間がいたらぜひ紹介してくださいよ。

自分のことを他人に判断してもらうなんて、みんな嫌がるわよ（笑）。

ハイ……（泣）。

ねこてそマンガ Eちゃんあるある

ごきげんななめ

ごきげんななめ2

column
暁先生が行く！ 3

古民家風カフェでの自由気ままな猫暮らし

こたつと猫とおまんじゅう

神楽坂といえば、かつての花街の名残も残る、風情ある坂の街。路地を曲がると小粋な小料理屋がちらほら。一杯やりたいところですが、まだ日も高いのでまずは喫茶店で一休み…と。おや？　「猫を飼っております」の看板が！　こんにちは。猫さんはいらっしゃいますか～？

「いらっしゃい。トンちゃんですか？　今散歩から帰ってきたんで2階にいるんじゃないかな？　あ、オーナーの岩崎早苗です」

はじめまして。靴を脱いで二階に上がると、黒々とした床板に敷かれたざぶとん、そしてこたつ！　トンちゃんを探すと、お客さんのお膝でお休み中です。こんなに人懐っこいということは…どれお手を拝見。やはりハート型、しかもトリプル！

「ええ、人が大好きです。落ち着いた女性や、安定感ある男性のあぐらの上でよく寝てます」

トンちゃんは、'07年8月9日10時11分生まれの男の子。もともとムギマル2にはマツ子さんという猫がいて、5匹の子猫を産んだのだそうです。そのうちの一匹がトンちゃん。ムギマル2を根城に、公園や路地に出か

ける気ままな生活をしています。

「毎日決まった時間にごはんをくれる家があったり、近所にも可愛がられてるみたいですよ。妹にスンちゃんっていう子がいて、ごはんだけ貰いに来ます。そろそろ来る頃かな？」

一階に降りると、座っているスンちゃんと目が合いました。

「スンちゃんは他人に触られるのが好きじゃないんですよね」

というわけで、早苗さんにだっこして見せてもらった所、若干臆病なみぞなしD型っぽい。

「スンちゃんはとらえどころがないんですよねー」

なるほど。兄妹でも性格が違うものですねえ。

猫たちと戯れながらおいしいおまんじゅうもいただけるムギマル2。最高の癒しスペースを見つけました。

information

マンジュウカフェ
「ムギマル２」

http://www.mugimaru2.com
tel. 03 (5228)6393
東京都新宿区神楽坂5-20
水曜日定休日
営業時間：12:00〜21:00

懐かしさ漂う古民家風カフェ。トンちゃんを膝にお茶をいただけます。時が止まったような、穏やかな時間が流れていきます。

column

暁先生が行く！ 番外編

キャットフードのモデル女優 マツ子さんを探して

トンちゃんのお母さん マツ子さんが選んだ新天地

ムギマル2でトンちゃんスンちゃんを産んだマツ子さんは、ある日店を離れていったといいます。自ら見つけた次の住処は、五百メートルほど離れた美容院。その後のマツ子さんが気になり、足あとを追ってみました。

訪問した日は定休日にもかかわらず、店長の大西一郎さんが快く迎え入れてくれました。

「出会いは偶然でした。交通量の多い道に座っていたので保護したんですけど、すっかりなつかれて。どうやら僕が飼い主に選ばれたようです」

今では朝5時に一緒に出勤し、夜は共に家に帰る生活です。運動不足解消のため、店の中庭にネットを張って専用の運動場も作ってあげたそうです。

「頭もいいですよ。僕の言っていることもわかるみたいで、この子が失敗した話をするときまり悪そうに抗議するんです」

うれしそうに語る一郎さん。ほかにも、遠く離れた奥さんの急病を一郎さんに教えた話など、たくさんのエピソードを聞かせてくれました。さすがマツ子さん、居心地のよい場所を自ら見つけたようです。

マツ子さんはお客さんに見初められキャットフードのモデルも務めた美猫。一眼レフを向けるとぴしっとポーズを決めてくれます。携帯カメラではダメだそう。

part II

ネコミュニケーション 実践編

ねこてそでわかる！猫との仲をとりもつ
ネコミュニケーション術

タイプによって違う猫との付き合い方

ここからは、猫との付き合い方を考えて行きましょう。猫は、朝から晩まで生活を共にする、いわば家族。人間が養っている身ではありますが、猫にも主張があるので、こちらの都合ばかり押し付けていては、うまくいきません。とはいえ、わがままをすべて聞くのも考えもの。双方が納得して、うまく人間（猫）関係が回っていくようにしたいものです。

さて、猫の気持ちを汲み取るのに役立つのが手相です。こちらが同じ行動をとっても、猫の受け取り方は性格によって違います。その辺は人間と一緒で、一筋縄にいかないのがおもしろいところでもあります。タイプごとにちょっとアプローチを変えるだけで、上手く行ったりすることもあるわけです。

AとDは密接に BとCはほどよい距離感で

おおざっぱにいうと、普段から密にコミュニケーションをとりたいのは、AとD。ほどほどの距離感を保って、相手を尊重した付き合いをしたほうがいいのはBとCです。Eタイプはちょっと付き合い方が難しいですね。気の合う人を（猫のほうが）かなり選びます。

普段の生活でも、タイプによって行動の好みはだいぶ違います。食事の与え方や寝場所の好み、遊び方などの普段の世話の方法や、ご機嫌を損ねた時や、留守にする場合のケアの仕方など、シチュエーション別に紹介していきます。ぜひ、かわいい愛猫とのネコミュニケーションの参考にしてみてください。

写真を可愛く撮るには?

こんなにうちの子はかわいいのに、写真に撮るといまいち……という経験はありませんか? もっと可愛く撮れる方法を、タイプごとにお教えしましょう。

カメラを向けると、さっといなくなってしまったり、緊張して体がこわばったり。なかなか猫の写真を上手く撮るのは難しいものです。普段の自然でかわいい仕草を写真に収めるには、猫の性格をよく知って、相手に合わせた撮影を行なうのがコツ。たとえば人が大好きなAタイプだったら、猫と対話しながら撮ればよい表情を見せてくれるし、グルメなDタイプなら、好物で釣るといいでしょう。また、普段からマメに撮影すると、カメラに慣れてくれます。

A お話しながら撮影会

愛想のよいAタイプには、声をかけながら撮るといいでしょう。「あなたが一番かわいい!その姿を撮らせてね」という気持ちを言葉で伝えれば、猫も気分よく写真に写ってくれます。

B 小物を使って気持ちを↑げる

行動的なBタイプは、遊ぶのも大好き。猫のおもちゃなどを使うと、喜んでとびついてきます。夢中になって遊ぶ姿をぜひ撮ってあげましょう。動きが速いので、シャッタースピードは速めに設定して。

C

よいカメラで気持ちを盛り上げよう！

わりとのんびりしているので、動きのある写真は撮りづらいかも。じっとしている姿を、ポートレート風に撮るのもおすすめ。いいカメラでバシッと決めてあげて！

D

食べ物で釣る

イザという時はとっておきの好物で釣るのが一番。食べ物をじっとみつめているところを狙えば、最高の表情が撮れるでしょう。ご褒美も忘れずに！

E

機嫌を損ねぬよう隠し撮り

人の言うことはまず聞いてくれないEタイプ。写真を撮るには、隠し撮りしかありません。あからさまに撮っていることを気づかれないように、物陰からそーっと、そーっと。

ネコミュニケーション術②

食事のこと

かわいい猫に健康で長生きしてもらうためにも、食は重要です。機嫌よく食べてもらうための、タイプ別食事の与え方。

食べ過ぎて肥満になったり、好きなものしか食べなかったり。猫の食事管理は飼い主の頭を悩ませます。タイプに合わせて対応してあげて。

【Aタイプ】

出した餌は素直に食べるタイプ。食べ過ぎないよう、適正な量を規則正しくあげてください。あまり神経質なほうではありませんが、複数匹飼っているときに、他の猫だけに餌をあげたりすると、気分を悪くします。

【Bタイプ】

自分でちゃんと食べる量を管理するタイプです。猫が食べたいと要求してきたときは、食事を

出してあげましょう。飼い猫は自分で餌を取って食べられません。体に良いものを選んであげるようにしましょう。

【Cタイプ】

もっとも食べ物にうるさいタイプなので、好きなものばかり食べてしまう可能性があります。若い時に偏食の癖がついてしまうと、あとから治すのは大変です。なるべくいろいろなものを食べさせるようにしましょう。

【Dタイプ】

何が欲しいのかよくわからなくて、次々といろいろな種類の餌を出していませんか？　食べ物面でも、甘やかせすぎには注意が必要です。

【Eタイプ】

食べ物に対する態度はあっさりしています。ただし、食事のシチュエーションにはこだわる場合も。気に入った場所で食べさせてあげましょう。

ネコミュニケーション術③

日常のケア

猫にとって心地良い環境を用意してあげるのは、飼い主の務めです。どんな接し方をしたら快適なのかは、タイプによってちょっと違います。

猫は、基本的にはあまり手のかからない生き物です。お散歩に連れて行く必要もないし、それほど頻繁にお風呂に入れなくても大丈夫。人間で言うと衣食住的な、食事とトイレの世話、そして心地よく過ごせる場所を用意してあげるのが飼い主の役目になります。でも、猫のタイプによって、心地良いと感じること、やってほしいことは、ちょっとずつ違ってきます。中には、遠くから見守ってもらっているだけで満足というタイプもいることをお忘れなく。

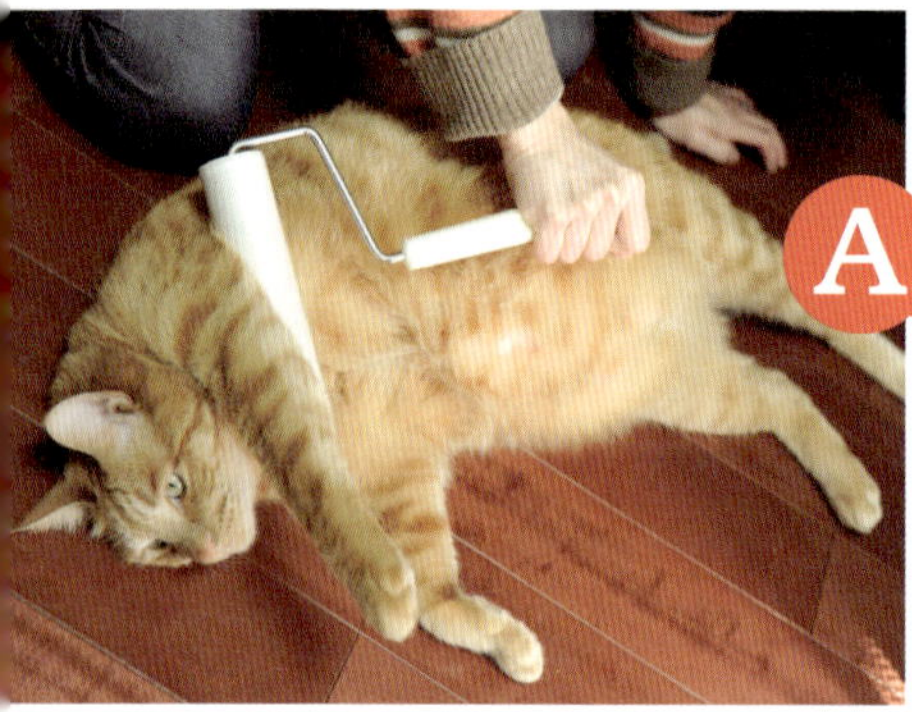

A

構われたい

甘えん坊のAタイプは、どんどん構ってあげてください。なでたりブラッシングしてあげたりしてあげましょう。寄ってきたときに、無視なんかしたら、とても悲しみます。

B

ケガ注意？

冒険が好きなBタイプは、高いところに登ったり、外に飛び出したりしがちなので、怪我に注意してあげるようにしましょう。高所に不安定なものを置いたりしないように。

C

きれい好き

インドア派できれいずき。部屋の隅にいることも多いので、猫がホコリだらけにならないように、お掃除はまめにしておきましょう。もちろん、ご飯や水の器もいつもきれいに。

D そーっと接して

ビビリやさんなので、大声で呼んだり、お客さんがたくさんくるのはあまり好きではありません。お客さんにはあらかじめ、怖がりなことを伝えておくとよいでしょう。

E オレに構うな

自分の世界を乱されるのはいやなので、あまり構われるのは好みません。そっとしておいてあげて、何か要求された時に相手をしてあげるくらいの接し方がよいでしょう。

ネコミュニケーション術④

ご機嫌を損ねたとき

名前を呼んでも振り向いてくれなかったり、撫でようとしたら逃げられたり。なんだか機嫌が悪い時の、対処方法。

猫が不機嫌なときは、あなたや家族が、猫の気に食わないことをしてしまった可能性があります。やってしまったことは仕方ないので、ご機嫌とりの方法を考えましょう。

【Aタイプ】

もし機嫌が悪くなったら、とにかくストレートにご機嫌取りをしてあげましょう。とにかく可愛い可愛い！　といいながら撫でてあげて。機嫌が早く治るタイプなので、扱いやすいです。

【Bタイプ】

賢い子が多いので、不機嫌なのにもちゃんとした理由があるはず。猫語はわからなくても、ち

ゃんとあなたのことはわかっている、という態度を見せることが大切です。

【Cタイプ】

ご機嫌が悪くなったときは、好きな食べ物を出してあげるのが一番。グルメなCタイプですから、少々のことは、水に流してくれるはずです。

【Dタイプ】

根に持つタイプなので、根気強く機嫌回復を試みてください。こちらは忘れてしまったことが、いまだに猫のカンに触っていて不機嫌の原因になっているということもあるかもしれません。

【Eタイプ】

怒りっぽいので、割と機嫌が悪くみえることが多いかも。そんなときは、そーっとしておくのが最良の方法です。ヘタに何かしようとすると、逆効果になることも。また、誠心誠意謝る姿勢も大事です。

お休みタイム

寝るのが仕事の猫にとって、お休みタイムはとても重要。どんな場所を好むのかは、タイプによってちょっと違います。

猫の語源の一説は「寝子」というほど、猫は一日中よく寝ています。すやすやと寝入っている姿は、いつまで見ていても飽きません。なるべく、邪魔しないように、快適な寝床を用意してあげたいものです。

手相のタイプによって、眠りかたはいろいろです。もちろん、暖かくて静かなところは、全員一致の人気スポット。あちこちに寝やすそうな場所を用意しておいて、猫に選んでもらいましょう。せっかく用意した場所で寝てくれなくても、残念に思わないように……。

B

タンスや棚の上で寝るのも好き。かごや箱を置いておけば、高い所でも安心して寝られます。

A 人のそばで寝るのが好き

人なつっこいAタイプは、人が活動している近くで寝るのも好きです。リビングのソファや、食卓の椅子もお気に入りスペース。

C 隠れて寝るのが落ち着く

静かで落ち着いた場所が特に好きなので、箱やドーム型のハウスがあれば喜びます。部屋の隅に置いてあげて。

E 意外な場所でぐっすり

不安定だったり、固かったり、なんでこんな所に……？　というような場所で寝たりします。お気に入りのようならそっとしておいてあげてください。

D お布団大好き

暖かい上に、もぐれば外から見えないお布団は、最高のリラックススペース。飼い主と一緒に寝られればもっと幸せ。

もっと遊ぼう！

運動神経のいい猫は、じゃれたり走ったり登ったり遊びのパターンも豊富。楽しく遊んでコミュニケーション。

猫が無心にじゃれる姿はかわいいの一言！　見ているだけで癒されます。猫の運動不足やストレスの解消にもなるので、積極的に遊んであげてください。

飼い主大好きのAタイプなら、人と一緒に追っかけっ子。野性的なBタイプはネズミや鳥のおもちゃを気に入ってくれるはず。Cタイプは普段おとなしいので、動きのあるもので誘って。内気なDタイプは、飼い主手作りのおもちゃがオススメ。Eタイプは自主性を重んじて、いろんなおもちゃを用意して選ばせるとよいでしょう。

ヒモにつられて大ジャンプ！　普段はのんびりしているCタイプやDタイプの子は、上下の動きを取り入れて運動量を増やしてあげるといいでしょう。

複数飼いのときは猫同士でも遊んでくれますが、人気者のBタイプ以外は、遊びが喧嘩に発展してしまうことも。飼い主が目を配ってあげることも必要です。

子猫のうちは、タイプにかかわらず、とにかく何でも遊びます。人間との遊びは、信頼関係の強化につながるので、積極的に遊んであげましょう。

家の中にもキャットタワーなどを設置してあげれば、木登り体験ができます。特に野性的なBタイプは高いところにチャレンジするのが大好き。

身近におもちゃを用意しておけば、よってきたときにすぐ遊べます。甘えん坊のAタイプが寄ってきたら、すかさず取り出してコミュニケーション。

ネコミュニケーション術⑦

留守番や旅行

猫と一緒に旅行は難しい。でも置いて出かけてしまうのも心配です。少しでも安心して出かけるための、タイプ別アドバイスです。

猫は家が好きな生き物。知らない場所にあずけられるのは好きではありません。やむなく家を留守にするときは、なるべくストレスにならないようにしてあげてください。タイプ別に注意ポイントを紹介します。

【Aタイプ】

人見知りしづらく、人間が好きなタイプなので、旅行の時は知り合いなどにあずけてもよいでしょう。普段から猫の顔見知りを作っておけば安心です。

【Bタイプ】

飼い主が留守の間でも、あまりさみしがらず、いつもどおりに過ごしてくれるでしょう。もち

ろんご飯やトイレはちゃんとしてあげることが大前提です。

【Cタイプ】

食べ物にうるさいCタイプの子を誰かにあずける場合は、お気に入りの食事もいっしょに渡すようにしましょう。飼い主がいないストレスを、好物でちょっとでも解消してあげて。

【Dタイプ】

飼い主さんが大好きなので、できれば人にあずけるのは避けたい。誰かに留守宅に来てもらい、食事やトイレの世話をしてもらったほうがよいでしょう。家に帰ったら、留守の間の分も精一杯かわいがってあげましょう。

【Eタイプ】

他人に任せづらいので、Dタイプと同様、留守宅に世話をしにきてもらうのがベスト。ちょっと慣れづらい猫なんで、と伝えておいて、ご機嫌を損ねないようにしてください。

column 3

暁先生が行く!

飼い主との相性を本格占い

音楽ライター 小野島大さんと愛猫タマを訪問

おくさまのご実家猫が都内にお引っ越し

今日は世田谷の閑静な住宅街にお住まいの、タマさんを訪問。出版社ぴあでもお世話になっている音楽評論家、小野島大さんのお宅にいらっしゃる猫です。おくさまの晴子さんの実家にいた子が東京にやってきました。

「タマはおっさんなので、基本的に女子が好きなんですよ…」とおっしゃる小野島さん。たしかに、一緒に同行した編集者やアシスタントが「か〜わ〜いい〜〜!」と突進すると、ゴロンと腹見せポーズで女子のハートを鷲づかみにしています! なかなかのプレイボーイですな。

そんなタマくんの手相をさっそく拝見すると、やっぱりといいますか、愛され上手な頂点ハートのAタイプ。左右の肉球は菱形で、人見知りをせずおおらかな、A2です。暁は、このタイプのいる家庭は幸せな家庭が高いと確信しています。

タマの手相は左右がアシンメトリーの変形です。よくあることですが、こんな場合、ちょっとしたコダワリが性格に表れます。自己主張が強めで、何かに夢中になると止まらなくなってしまうこともあるようです。

タマくんはなかなかのイケメン、いやイケ猫で、実家時代もよくモテたそうです。CDの背景がよく似合います。

仕事に付き合う良き仲間?

タマのこだわり性は、女子好きにも出ているでしょうか。また、小野島さんの仕事部屋が落ち着くスペースだそうで、取材中も音楽ＤＶＤに反応（笑）。彼も批評してくれてるのかも?「昼間はほぼ2人で一緒にいますね。今まで猫を飼ったことはなかったんですが、おっさん同士、うまく付き合ってますよ」

小野島さん、晴子さんの手相を拝見すると、タマとの相性もとてもよいものでした。ちなみに小野島さんの仕事運、これからさらに延びるとお見受けしましたので、ご活躍を楽しみにしています。

警戒時は上、女子には下の顔(笑)。右：小野島さんと奥さま晴子さんと一緒に。小野島大さんは、音楽関係の文筆業として各方面で活躍中。『ミュージックマガジン』で「配信おじさん」を連載。

ねこてそ×人の手相でわかる 飼い主との相性

感情線と頭脳線でわかる 自分と猫との付き合い方

　暁が見るのは「ねこてそ」だけじゃありません！　ここからは人の手相も見ながら、自分と猫、家族と猫との相性を占っていけるコーナーです。

　人の手相にはいろいろありますが、ここでは二つの線に注目してみました。一つ目は頭の冴えや理屈っぽさを示す頭脳線（知能線）。二つ目はホットかクールか、繊細か大らかかを表す感情線。どちらも性格や本質に関わる部分ですから、手相を見る上ではもっとも大事なところ。この二本を見ていけば、その人の性格がだいたいわかりますから、手相に詳しくなくても簡単に判断できます。

　二つの線を組み合わせると、さらに四つのタイプに分かれます。明るくおしゃべりな情熱タイプ、人情家で思慮深いリーダータイプ、クールで想像力豊かな独創タイプ、フラットでマイペースな理性タイプ。自分がどのタイプか、誰でも一目で納得できるでしょう。

　こうして自分のタイプをつかんだら、これまでの「ねこてそ」五タイプと組み合わせて、二人（一人と一匹）の相性を見ていきます。人が猫を守るカップル、猫に遊ばれがちなカップル、クールな距離を尊重するカップル……などなどいろんな付き合いの形がありますね。

　でも、こうだからいけないとか、このほうがいいとかいうわけではありません。相性ランキングや★の数はあくまでも目安。自分と猫はもちろん、一緒に暮らす家族や恋人と猫との相性を判断して、より楽しく幸せな猫ライフを送るための参考にしてもらえるとうれしいです。

二本の線でわかる手相による性格判断

頭脳線

頭脳線（ずのうせん）または知能線（ちのうせん）は明確に深く刻まれる程、頭脳明晰であることをしめします。この線の起点と終点の線の描き方などから、タイプが判断できます。

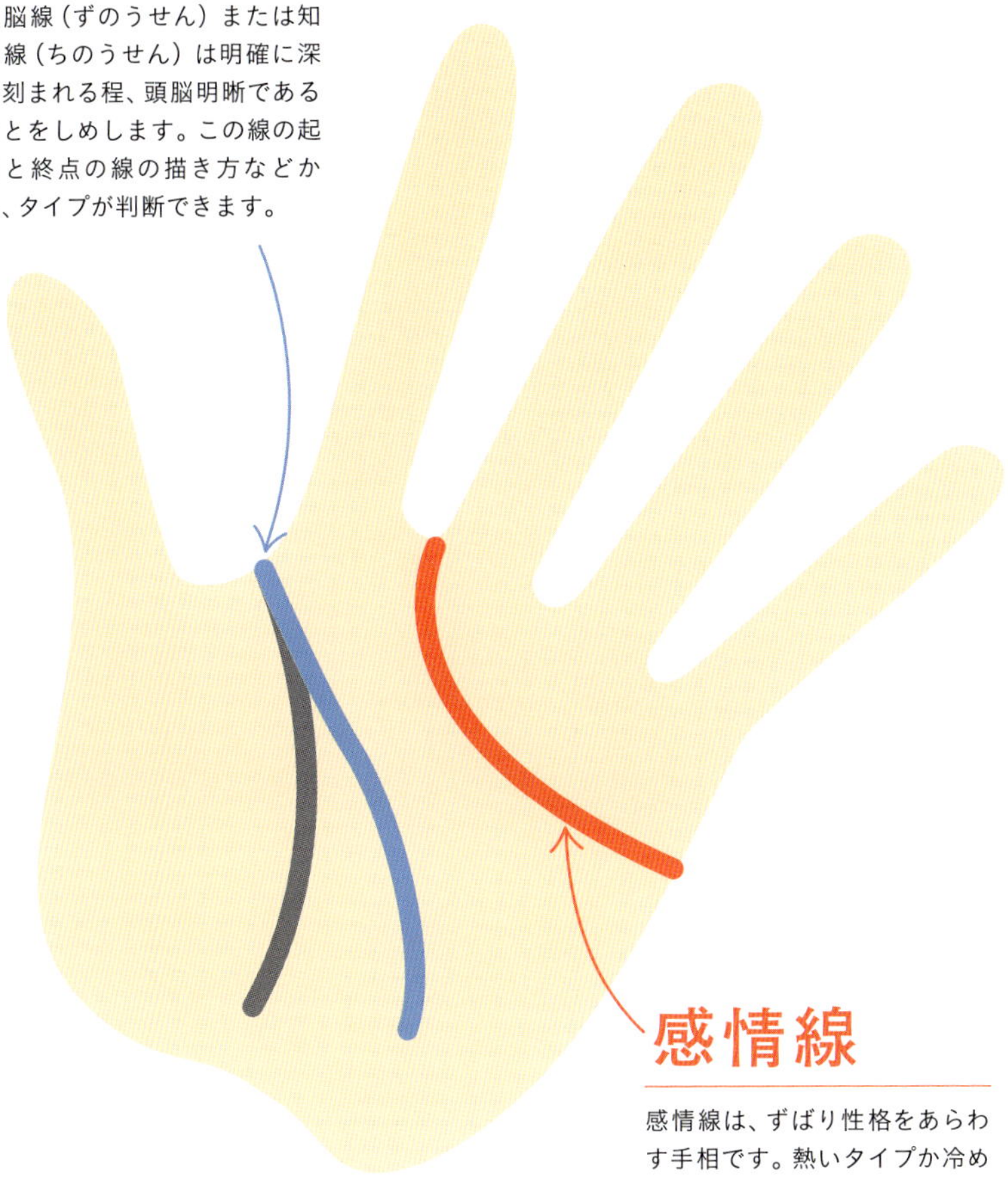

感情線

感情線は、ずばり性格をあらわす手相です。熱いタイプか冷めたタイプか、感受性タイプなどを示します。線の終点の場所とカーブの描き方などから、性格がわかるとされています。

①

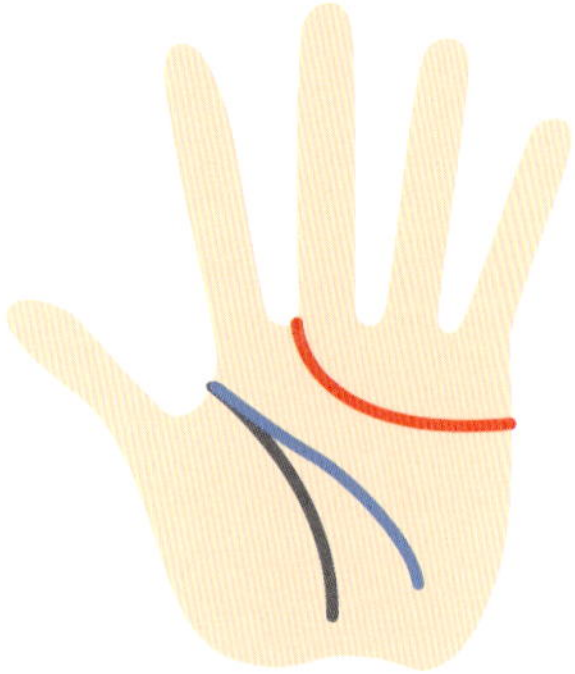

情熱 *type*

感情線が上がっていて、頭脳線が下がっています。このタイプは、とても情熱的なタイプです。明るい性格なので、コミュニケーションが円滑に進められます。さらに、豊かな想像力で相手を魅了します。ただし、物事の判断を直感に頼り過ぎるところがあるので注意しましょう。

②

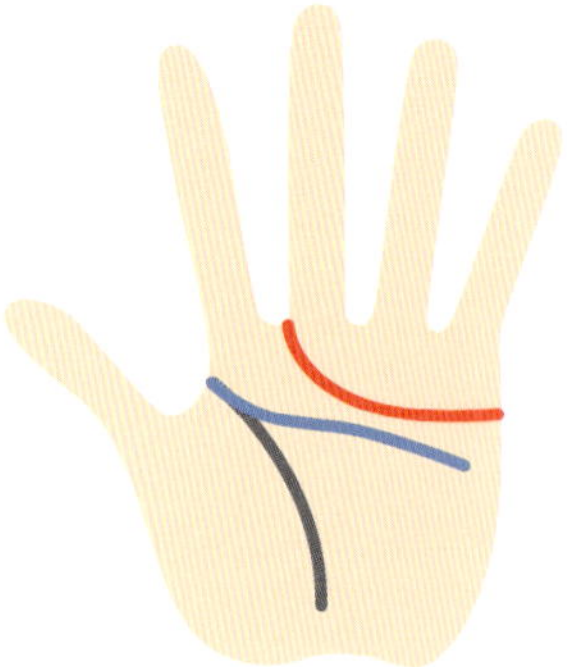

リーダー *type*

感情線が上がっていて、頭脳線が横にまっすぐ延びています。非常に情熱的で明るい性格なうえに、物事を論理的に考える理系的な思考力があります。信頼を得て多くの人達をまとめあげる力がありますが、仲間を思いやり過ぎて決断力に欠けるところがあるので注意です。

③

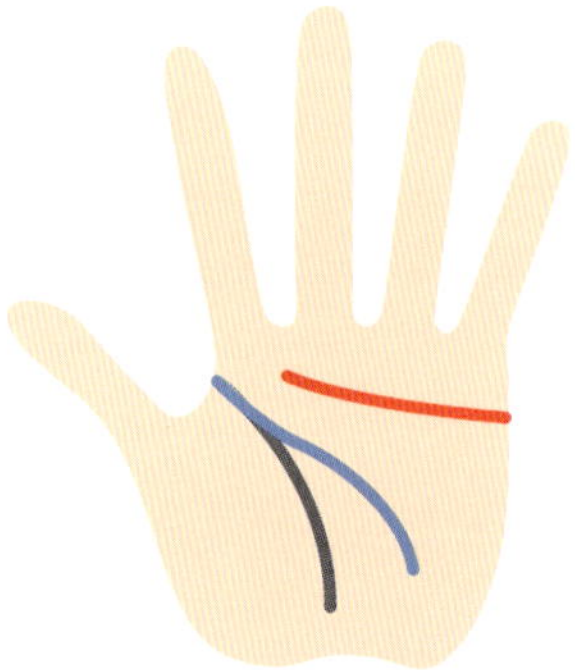

独創 *type*

感情線が横にまっすぐで、頭脳線が下がっています。あまり感情の起伏がなく落ち着いているように見えますが、実は想像力が豊かで、頭の中は妄想で満ちあふれることもあります。その分言動がちょっと幼くなりがちですが、環境によっては芸術的な才能を発揮することも。

④

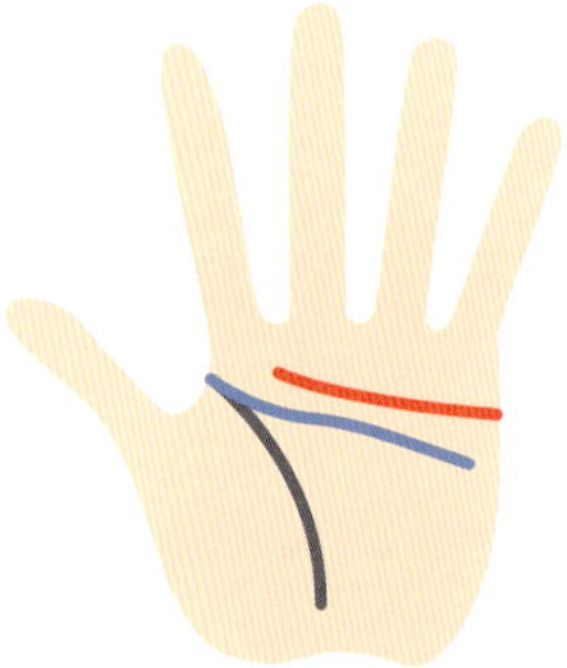

理性 *type*

感情線も頭脳線も横にまっすぐ延びて平行です。比較的冷静で感情の起伏がなく落ち着いているうえに、物事を論理的に考える理系的な思考なので、周りからは冷たい人だと思われがち。だからといって本人はいたって平気。のめり込むと最高のパフォーマンスを発揮します。

ねこてそ×人の手相でわかる
相性ランキング

あなたや家族、猫たちとの相性はどのランキング入り？

癒される! 理想の遊ばれ相性 top3

～猫があなたを子供のように癒してくれる？
猫がおもわず構いたくなる飼い主の組み合わせ～

1 Atype × ④ type

ポーカーフェイスを崩さない④タイプに、物怖じせず体をすりよせるAタイプ。ひたすら自分に甘えられて、思わず顔がニヤニヤしちゃう。気持ちが何だか明るくなって、周りの好感度もアップ！

2 Btype × ① type

野生味を残したBタイプと遊ぶには、いかに生まれ持つハンターの本能を刺激するかがカギ。想像力豊かな①タイプなら猫が喜ぶことを次々に繰り出して、いつまでも楽しい時間が続きそう。

3 Atype × ② type

猫と遊びたいのに嫌われないか心配でさわれない②タイプだけど、人見知りせず誰にでも心を開きやすいAタイプは、最初の飼い猫としてもピッタリ！　心ゆくまで遊んでもらえる組み合わせ。

相思相愛の恋人関係 top3

～ベストカップルのように
幸せな相思相愛関係が築ける相性トップ３～

1 Dtype × ③ type

困らせ好きのDタイプと、冷静ながらもマニアックな性格に惹かれる③タイプの組み合わせはお互いがなくてはならない存在になる「ハマる」相性。むしろ恋人や家族に疎まれる可能性もあり、ハマりすぎに注意!?

2 Ctype × ③ type

表情がクールで大人しく、感情が読み取れないのがCタイプと③タイプの共通点。だけど周りにどう思われても、本人たちはとっても幸せ。こだわりある二人がお互いに満足できる相性です。

3 Atype × ① type

どちらもおおらかで人懐っこいのが、Aタイプと①タイプの組み合わせ。一目逢ったその日から、ずっと一緒だったみたいな仲良しぶりに。ただしちょっぴり八方美人なのが心配のタネ。

信頼関係が築きやすい top3

～裏切られても裏切ることはできないけれど、
猫が信頼する飼い主トップ３はこれ～

1 Etype × ④ type

孤独と自由を愛するEタイプにとって、決して猫の生き方に干渉せず優しく見守る④タイプはうってつけの相棒。お互いを大切に思いつつベタベタ依存しない二人は、まさにベストな信頼関係。

2 Dtype × ② type

人前では笑ったり叫んだりしないローテンションなコンビがDタイプと③タイプ。だけど心は豊かな想像力と愛情でいっぱい！　一緒にいるだけでどこか通じ合う、ずっと友達でいられる相性。

3 Btype × ② type

誰に対しても媚びることなく、自分のルールで生きるBタイプ。そんな一匹猫にとって、自分の自由を尊重してありのまま愛してくれる②タイプは、とっても居心地の良いパートナー！

あなたがボス! 上下関係 top3

～あなたに猫が服従するかいなかは
もう手相でわかっている!?～

1 Dtype × ② type

マイペースなようで実は寂しがり屋なDタイプ。どこまでも構ってあげたくなるけれど、それではお互いダメになっちゃう。②タイプなら一番心地良い距離をしっかりキープします。

2 Ctype × ④ type

自由気ままで群れるのがキライなCタイプは、友達と元気に遊ぶのが好きな①タイプと正反対。だけどグルメな猫だから、ハートを胃袋でしっかりキャッチ！

ただし食べさせすぎにはご用心。

3 Etype × ② type

孤独を愛し人見知りしやすいEタイプを従わせるのは難しいもの。②タイプは無理に言うことを聞かせようとしないで、じっくりと観察して気持ちを把握。そのうち猫が頭を下げてくる？

A type

×

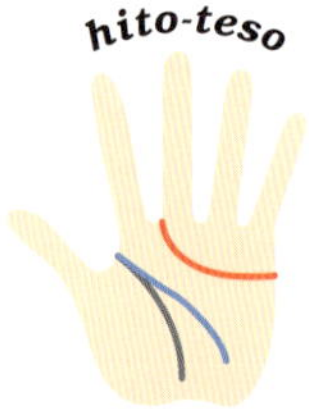

①情熱 type

素直に付き合えばベストカップルに！

明るくおおらかな人と猫 出逢ったその日からお友達同士 だけどちょっぴり八方美人？

明るい性格でコミュニケーションも情熱的に行う①タイプのあなた。人懐っこく優しいAタイプの猫と気持ちを通わせるのはとても簡単です。よほど乱暴に扱ったりしなければ、好きなだけ体を撫でさせてくれるでしょう。ただし、あなただけに甘えてくるわけではありません。あなたの家族や恋人、友達に対しても同じように体をすりよせる姿を見て、ちょっとがっかりすることも。とはいえ相性がいいのは間違いなし！

相性分析

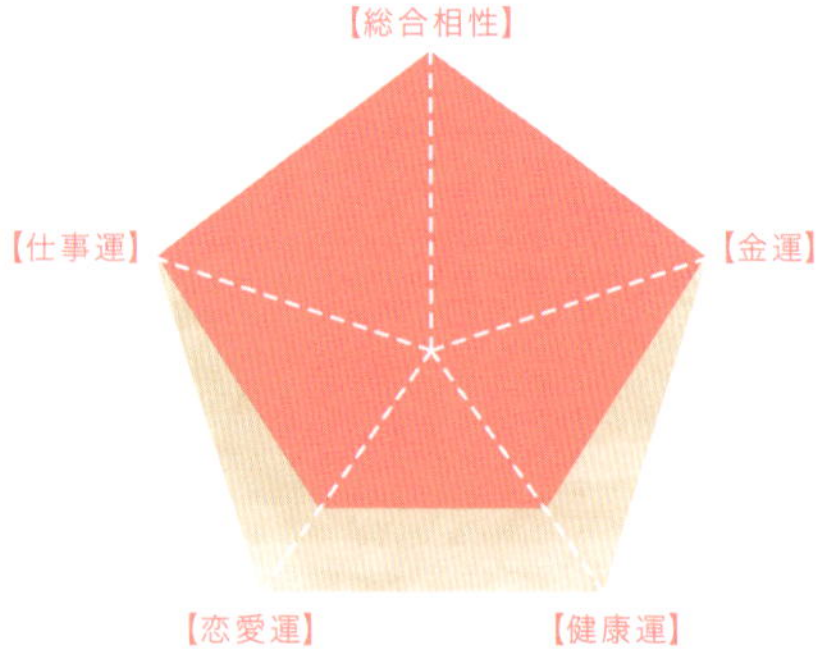

【総合相性】★★★
どちらもフレンドリーな二人は相性抜群。夢中になりすぎるのは危険かも。

【金運】★★★
招き猫の役目を果たして金運アップ！　仕事をおろそかにしなければ収入不足なし。

【健康運】★★☆
無防備な猫なのでケガをする恐れあり。かわいがりすぎると肥満や運動不足に。

【恋愛運】★★☆
猫に夢中になりすぎて婚期を逃す恐れあり。猫好きの異性を求めると吉。

【仕事運】★★★
猫に元気をもらって意欲回復。猫が取り持つ縁も。

neko-teso

A
type

×

hito-teso

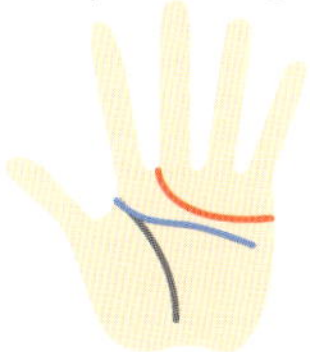

②リーダー *type*

▼▼

気づかいなしに心を許せる懐深い猫

嫌われるなんて心配ご無用 猫が好きならそれでOK 一緒にいればいつも上天気！

元気で明るい性格だけど、相手にどう思われているのか気にしすぎる②タイプのあなた。猫にも嫌われやしないかとなかなか手を伸ばせなかったり。だけど人懐っこくおおらかなAタイプの猫に、そんな心配は無用です。あなたがかわいいと思ったら、素直に気持ちを表してOK。相手はのどをゴロゴロさせて喜んでくれるはず。ただ、ちょっと警戒心が薄く家出癖がありますから、よそで浮気してくることもありそう。

相性分析

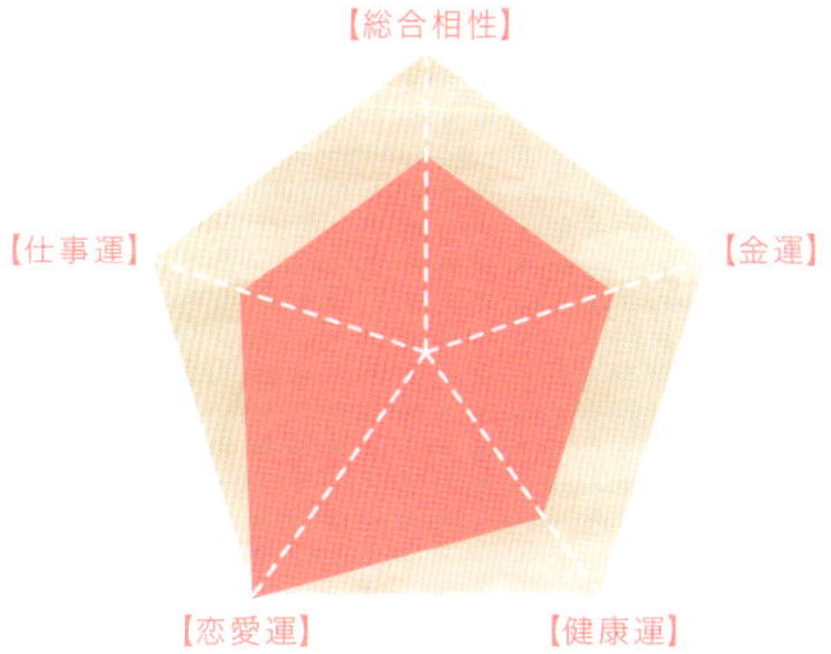

【総合相性】★★☆
心配性なあなたでも安心して飼える猫。とはいえ行動はある程度把握して。

【金運】★★☆
一緒にいるとお金づかいもおおらかになりがち。ただしそのぶん入ってくるので心配不要。

【健康運】★★☆
心身ともに疲れを猫に癒される。猫に好きなものを与えすぎないよう注意。

【恋愛運】★★★
片想い中なら猫に勇気をもらえそう。倦怠期のカップルも猫が救いの神に。

【仕事運】★★☆
猫と触れ合って充実すれば生産性アップ。

A type

×

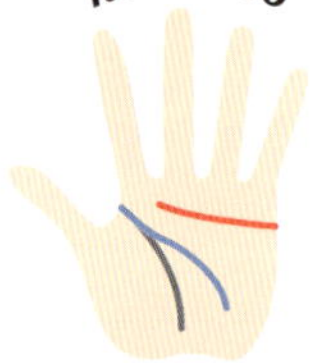

③独創 type

生身の猫に素直な自分を見せて

現実よりも妄想が好き そんなあなたを変えるのは ひたすらかわいいただの猫！

いつも穏やかで落ち着いていると見られがちな③タイプのあなた。実は心の中でいつも愉快な妄想をしているなんて気付かれないでしょう。そんなあなたが何の裏表もない、ただただ人懐っこいAタイプの猫と出逢ったら、ちょっともの足りなく思うかも。とはいえ妄想でなく現実に生身の猫が目の前にいて、一緒に暮らすようになればどんどん情が移ります。あなた自身、素直な気持ちを表に出せるようになるでしょう。

相性分析

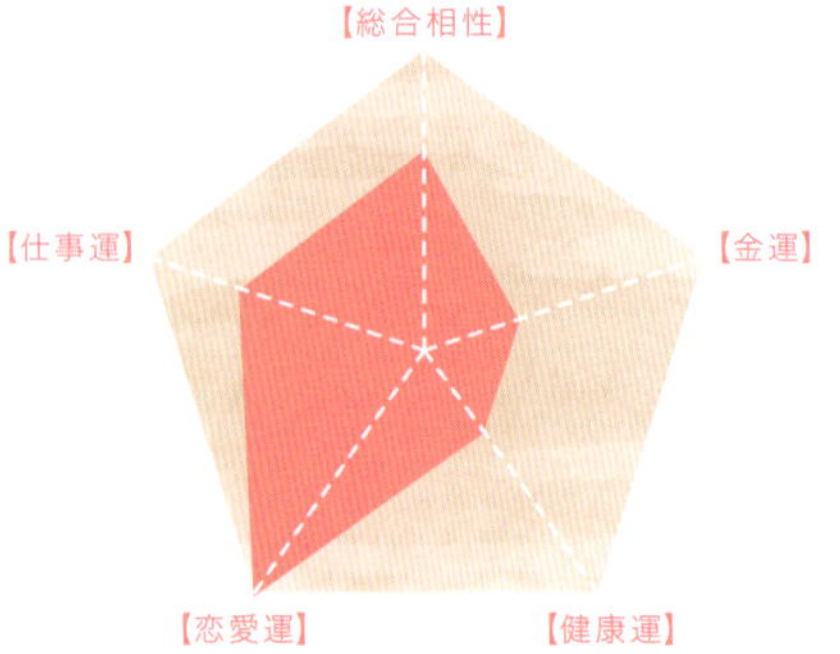

【総合相性】★★☆
生身の生き物のあたたかさを教えてくれる猫。素直にかわいがるだけで成長できる。

【金運】★☆☆
猫の関心を惹こうとしてグッズにハマりそう。落ち着くと金運も回復。

【健康運】★☆☆
猫も自分も、思い込みで健康を判断すると危険。定期検診はぜひ受けて。

【恋愛運】★★★
猫のおかげでおちゃめな一面が異性に大受け。カッコつけないことがポイント。

【仕事運】★★☆
猫との触れ合いに癒されて創造性がアップ。

neko-teso

A type × ④理性 type

hito-teso

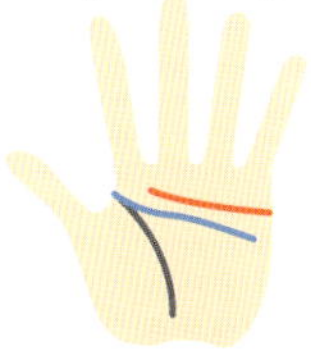

意外なくらい大きな幸せをくれる猫
クールなハートを暖める小さな猫のぬくもりがあなたの世界を広げてくれる

感情を表に出さない様子がクールだとも冷たいとも評される④タイプのあなた。本当に好きなものでなければ本気になれないだけなのですが、そんなあなたを恐れもせず無防備に体をすりよせてくるAタイプの猫と出逢ったら、一目で好きになってしまうでしょう。一緒にいるとひとりでに顔がにやけてくるのを抑えられず、周りの人はあなたの意外な面を知ることになるはず。あなたにとって得るところの大きい相性です。

相性分析

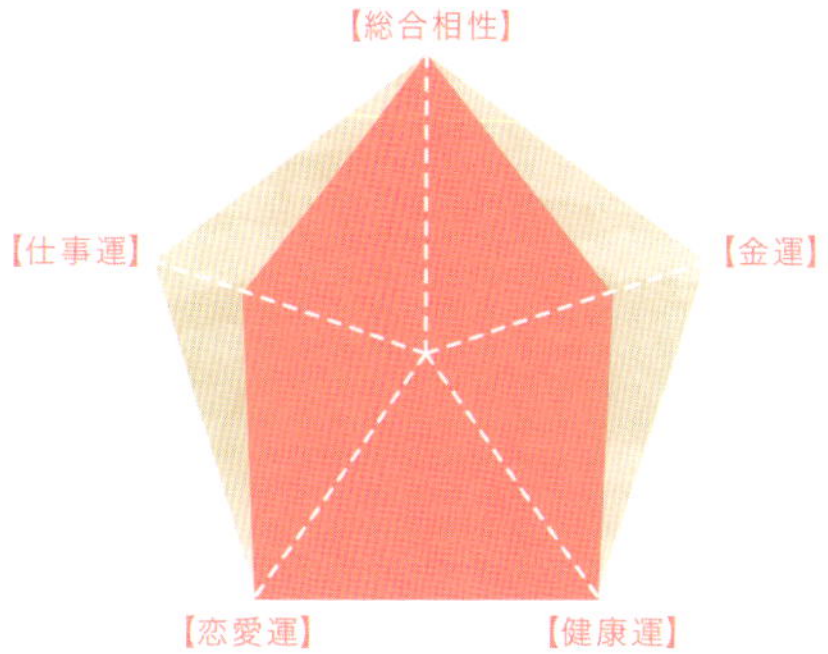

【総合相性】★★★
平熱なあなたの心をホットに暖めてくれる猫。すべてにおいてやる気がアップ。

【金運】★★☆
猫で気持ちが浮かれて出費が増えそう。労働意欲もアップして収入はプラスに。

【健康運】★★★
猫の健康チェックはぬかりなし。猫と自分の食事に注意すれば万全。

【恋愛運】★★★
明るく前向きになったあなたが異性の注目を浴びる。親密度アップに猫も一役。

【仕事運】★★☆
人間関係がスムーズに。猫に時間を取られることも。

neko-teso

B type

×

hito-teso

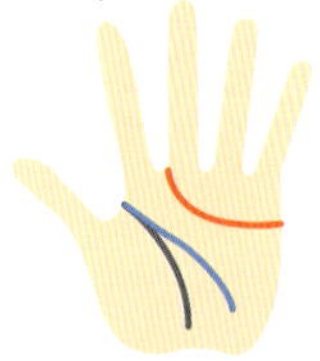

①情熱 type

▼▼

自由を尊重することが幸せのカギ

自由気ままな野生児のアイツ
ときにはネズミも捕るけれど
そんなワイルドさがステキ！

活発で気まぐれ、いかにも猫っぽいBタイプは、①タイプのあなたにとって付き合いにくい相手じゃありません。想像力を駆使して猫が喜ぶことを次々に繰り出し相手を魅了します。とはいえあなたの予想の上を行く行動やリアクションに、新鮮な驚きを何度も味わうことになります。猫本来の冒険心や好奇心を抑えようとせず、上手に野生の本能を解放させることができれば、気の合う相棒同士になれるでしょう。

相性分析

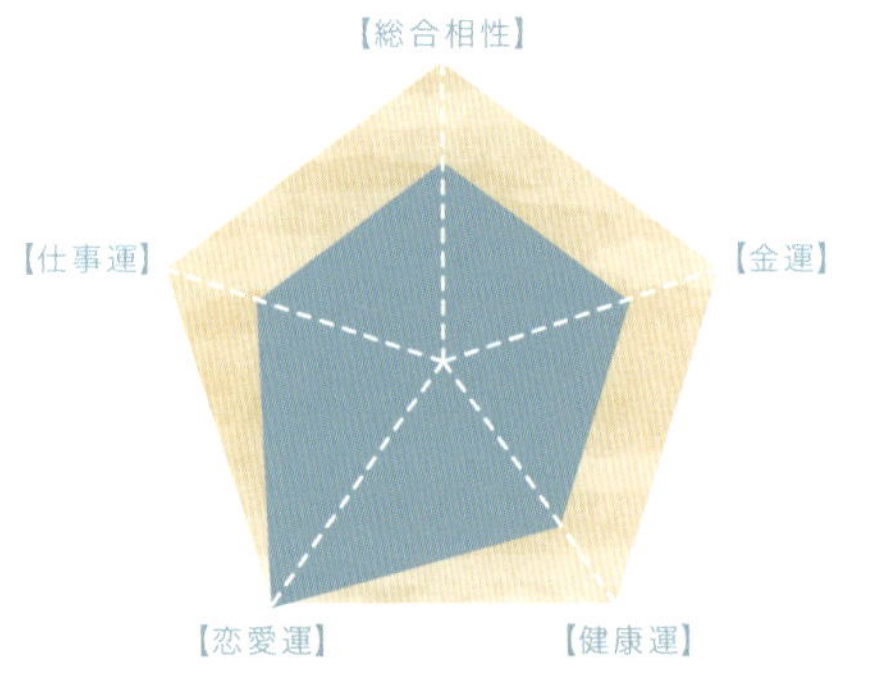

【総合相性】★★☆
あふれる野生を押さえ付けず上手に付き合えばいつまでも楽しく暮らせる好相性。

【金運】★★☆
自由奔放な猫だけに手間もお金もかからない。そのぶん貯金に回せそう。

【健康運】★★☆
もともと病気に強い猫だがケンカの傷は増えそう。猫に負けず運動量を増やすと吉。

【恋愛運】★★★
個性的な猫のおかげで話題がつきない。恋人との会話も盛り上がる。

【仕事運】★★☆
放っておいても平気な猫なので仕事に集中できる。

neko-teso

B type

×

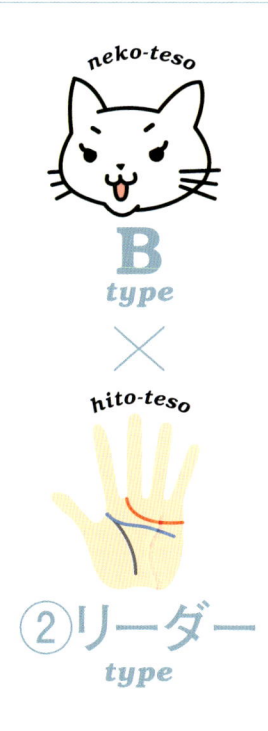

hito-teso

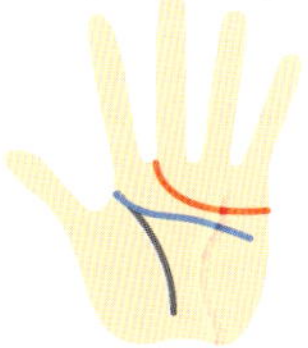

②リーダー type

▼▼

大いに知性を刺激するパートナー

人に媚びない孤高のハンター 野生の本能を残した猫は あなたの脳を元気にする!

いろんなことに興味を持ち考えようとする②タイプのあなたにとって、野性的な魅力のあるBタイプの猫はとても魅力的な存在です。人に媚びず、狩りの本能を忘れず、凛としている猫の姿は眺めるだけで楽しいものでしょう。それだけでなく、時には何を考えているのかわからない行動や表情も興味深くて、あなたの知性を大いに刺激します。猫にとっても自由にさせてくれるあなたは良いパートナーでしょう。

相性分析

【総合相性】★★★
猫の自由さを愛するあなたは器の大きいパートナー。好奇心を刺激されて運気全般がアップ。

【金運】★★☆
おもちゃを追いかける姿見たさに出費が増えそう。実はお金のかからない猫。

【健康運】★★★
猫は運動量が豊富で病気知らず。とはいえ自分とも どもチェックを忘れずに。

【恋愛運】★★☆
猫にかまけすぎて恋人との付き合いがおろそかに。仲直りのキッカケも猫。

【仕事運】★★☆
猫の刺激を活かせば吉。自由に憧れすぎると危険。

neko-teso

B
type

×

hito-teso

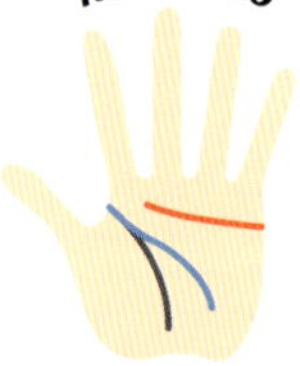

③独創
type

▼▼

想像力をかき立てる得がたい相棒

あなたのイマジネーションを軽々超える野生の猫大冒険の物語がはじまる

ケモノ本来の野性味を残していて、人の予想を軽々と超えてくるのがBタイプの猫。無表情なようでいてイマジネーション豊かな③タイプのあなたには、大いに刺激を与えてくれる相手です。あなたと一緒にいないときに猫がどんな冒険をしているのか、想像するだけで物語が目の前に広がることでしょう。その一方で放任主義になりやすく、近所に迷惑をかけることも。とはいえお互いに求め合うベストカップルです。

相性分析

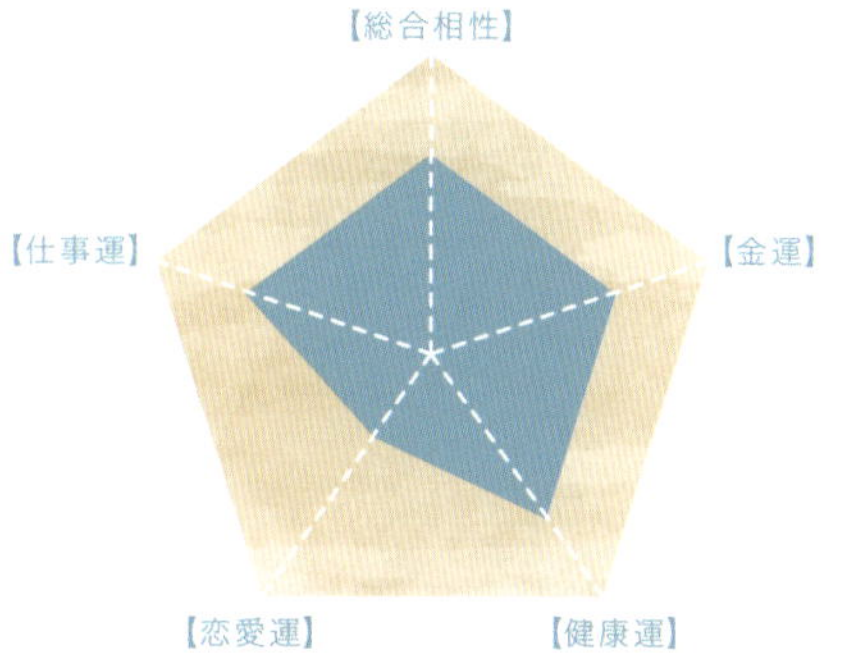

【総合相性】★★☆
お互いに保護と刺激を与え合って相性良好。放任しないよう気を付けて。

【金運】★★☆
見ているだけで楽しいのでお金は不要。とはいえハマりすぎると収入減を招く恐れあり。

【健康運】★★☆
健康な猫なので放置気味でも心配は少ない。むしろ飼い主の生活習慣に不安あり。

【恋愛運】★☆☆
猫との生活で満足してしまい恋愛への関心が低下。猫話のできる相手を探すと吉。

【仕事運】★★☆
クリエイター系なら運気上々。事務職だと運気低下。

B type

×

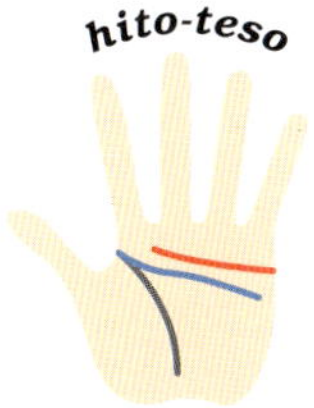

④理性 type

クールな心を動かしてくれる孤高の猫！

いつでも冷静で無表情
そんなあなたの評判を変える
ワイルドで優しいパートナー

いつも冷静で落ち着いた様子が、周囲に取りつきにくい印象を与えがちな④タイプのあなたには、心を揺さぶってくれるパートナーが必要です。その点、人に媚びず自分のしたいように振る舞うBタイプの猫は、あなたと似たところもありながら大いに驚きを与えてくれる存在。予想を上回る猫のリアクションに大喜びする姿は、あなたに対する印象を大幅にアップさせるはず。いつも新鮮な感動をくれる相棒です。

相性分析

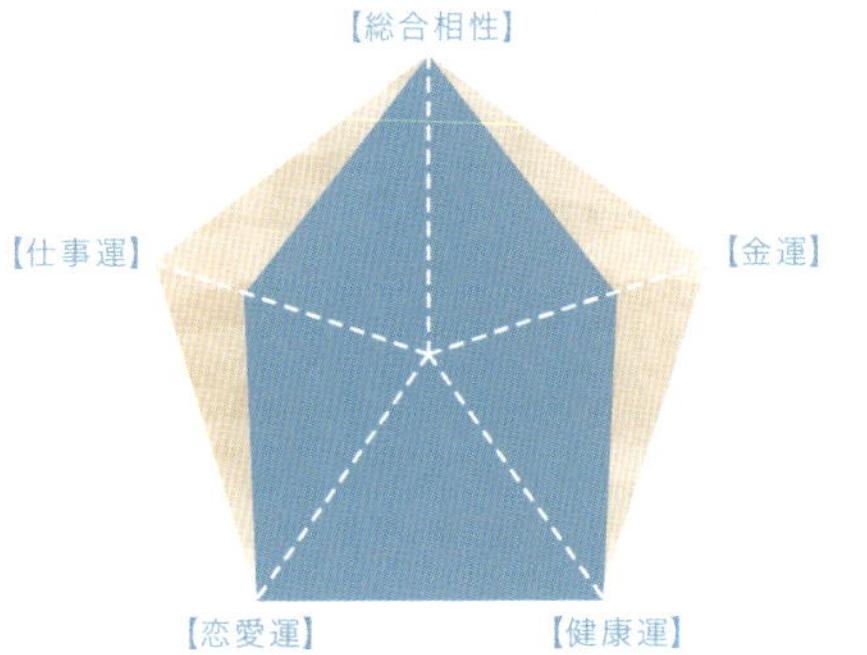

【総合相性】★★★
あなたの表情をイキイキさせる得がたいパートナー。のめり込むと束縛する恐れあり。

【金運】★★☆
猫の自由さに学ぶとチャンスが広がる。基本的には働いて収入アップが吉。

【健康運】★★★
猫と遊んで心身ともにリフレッシュ。食事はバランスを大事にするといつまでも健康。

【恋愛運】★★★
心を猫に解放されて性的魅力がアップ。しぐさを猫に学ぶと効果大。

【仕事運】★★☆
猫効果で職場での好感度アップ。人間関係が円滑に。

neko-teso

C
type

×

hito-teso

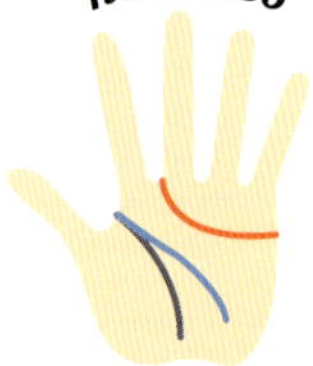

①情熱
type

▼▼

孤高の猫とじっくり付き合って！

フレンドリー全開なあなた
馴れ合いがキライな一匹猫
ハートは胃袋でつかむべし！

Ⓒタイプの猫は大人しくて群れるのがキライ。友達と元気に遊ぶのが好きな①タイプのあなたとは対照的です。とはいえ仲良くなれないことはありません。あなたが強引に迫ろうとせず、じっくりと好みを探り当てたら、あなたを居心地の良い相手だと思ってくれます。それには食事が大切なポイント。その猫が一番好きなものを見つけて差し出せば、あなたを信頼するようになるでしょう。ただし与えすぎに気を付けて。

相性分析

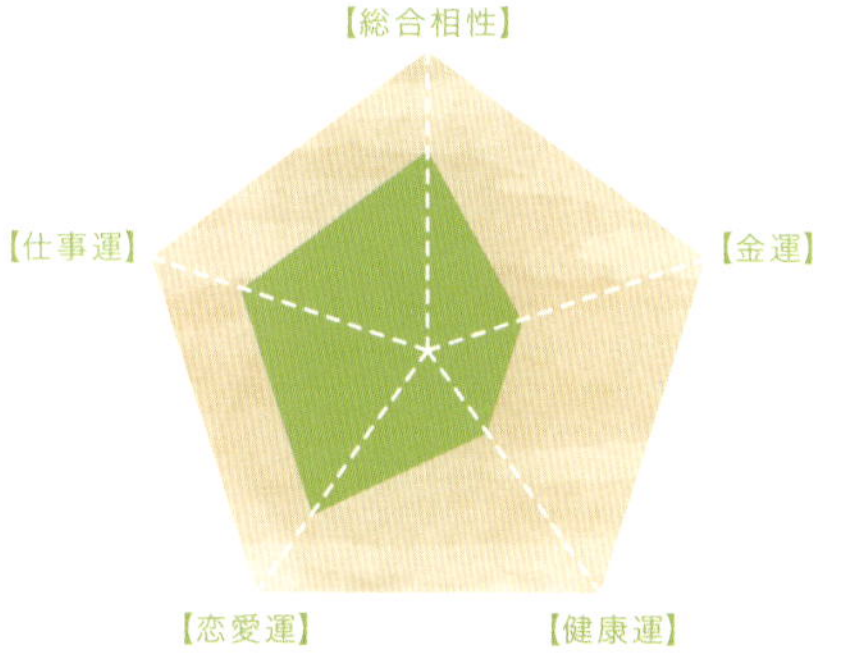

【総合相性】★★☆
対照的な二人だけど、あせらず近づけば大丈夫。食事は味にも健康にも気を付けて。

【金運】★☆☆
おいしいものを食べさせたくて出費がかさみそう。無理をしすぎずお財布と相談が吉。

【健康運】★☆☆
猫の食べたいものばかり与えると危険。猫と自分の健康は専門家を頼るべし。

【恋愛運】★★☆
相手が猫好きなら、猫の好みを話題にして盛り上がれそう。相手の話題も忘れずに。

【仕事運】★★☆
猫に癒されて意欲がアップ。猫トークは人を見て。

neko-teso

C
type

×

hito-teso

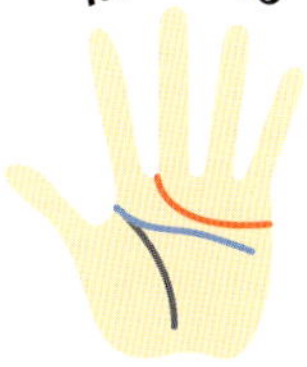

②リーダー
type

一匹猫もあなたの人望にデレる！

気は優しくて力持ち 頼れるあなたの思いやりに 孤独な猫も心を開きます

人間に対してはかなりの人望を集めている②タイプのあなたですが、仲間と馴れ合わず一匹猫であることの多いCタイプにはとまどうでしょう。あなたが遊ぼうと働きかけても、なかなか動いてくれなかったり、気まぐれにどこかに行ってしまったり。でもあなたが危険な相手でないとわかれば、甘えてくれることもあります。相手をよく観察すれば、ただ大人しいだけでなく好き嫌いがあるとわかるはず。特に食事環境は大事です。

相性分析

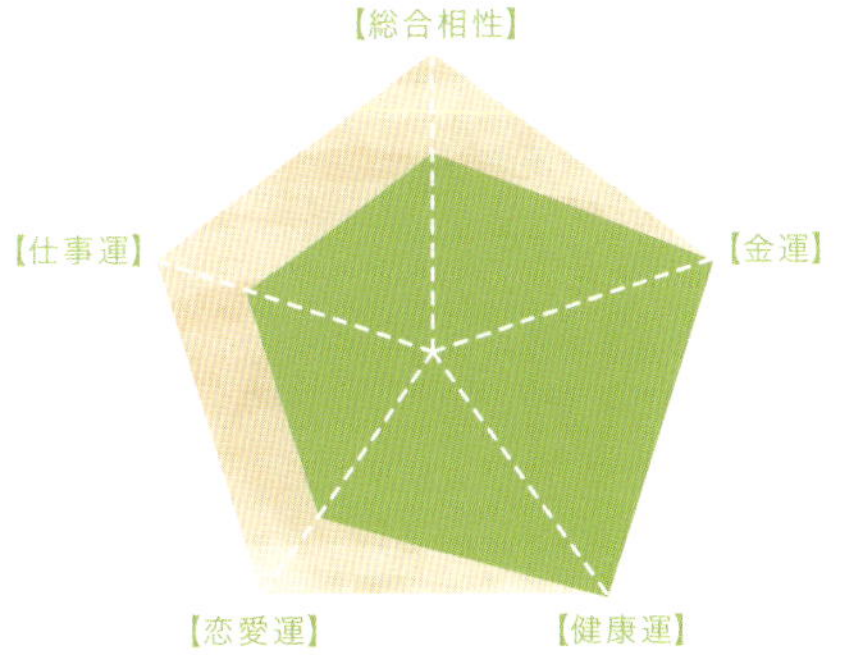

【総合相性】★★☆
マイペースな猫もあなたのそばにいれば安心。たまには積極的に近づいてもOK。

【金運】★★★
猫の関心を惹こうとして散財する危険はなし。無理せずコツコツ蓄財できる。

【健康運】★★★
自分の体調はしっかり管理。猫の様子で状態を把握。不安なときは迷わず病院に。

【恋愛運】★★☆
あなたの明るさと情熱、猫好きが異性にアピール。優柔不断は玉にキズ。

【仕事運】★★☆
人望を集めて評価アップ。猫の話題は避けるが無難。

neko-teso

C
type

×

hito-teso

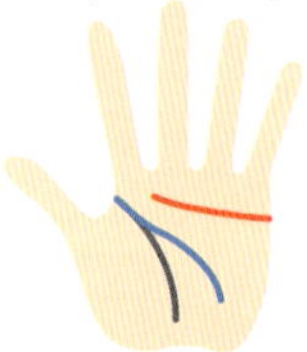

③独創
type

▼▼

涼しい表情の奥にセンス隠すカップル

ポーカーフェイスな人と猫 お互いにしかわからない 確かなこだわりで結ばれた縁

感情からはわかりにくく、落ち着いて見える③タイプのあなたとCタイプの猫は似た者同士の組み合わせ。無表情に見えて心の中には自分なりのこだわりを持っているところも一緒です。そんな一見わかりにくい相手の気持ちも、あなたの想像力をもってすれば察することができるはず。猫もあなたのそばをお気に入りスポットの一つにしてくれるでしょう。ベタベタしなくてもお互い深く満足できるカップルです。

相性分析

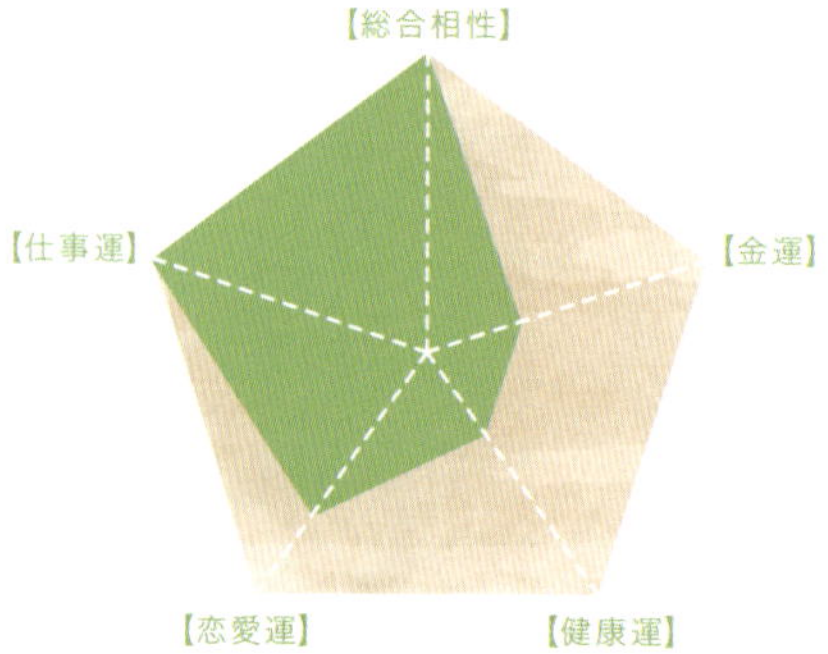

【総合相性】★★★
共通点の多い二人。じっくり探り合って絆が深まる。想像力が仲良しの秘訣。

【金運】★☆☆
猫グッズを衝動買いしそう。趣味がある人は出費かさむ。副業に活かすと吉。

【健康運】★☆☆
思い込みで猫の健康を判断すると危険。自分も猫も不調があれば通院を基本に。

【恋愛運】★★☆
妄想をふくらませすぎるのはもろ刃の剣。相手を選ぶが運命の恋の可能性あり。

【仕事運】★★★
持ち前のイマジネーションを猫が刺激して吉。

neko-teso

C type

×

hito-teso

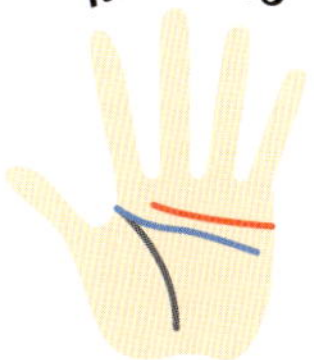

④理性 type

マイペースな二人は最高のコンビ

無表情だと人は言う ナマケモノとも見られがち だけどますます味が出る！

動きが少なく何を感じているのかわかりにくいCタイプの猫と、表情や態度からは感情を探りにくい④タイプのあなたとは、初めから通じ合うものがあったでしょう。付き合いが深まるにつれ、食べ物など意外に好みがうるさいこと、孤独を好むところなど、ますます親しみを感じるところが増えていきます。相性は最高だと言えますが、あなたが猫にのめり込んでも相手は意外とクールで、そんなところも魅力的です。

相性分析

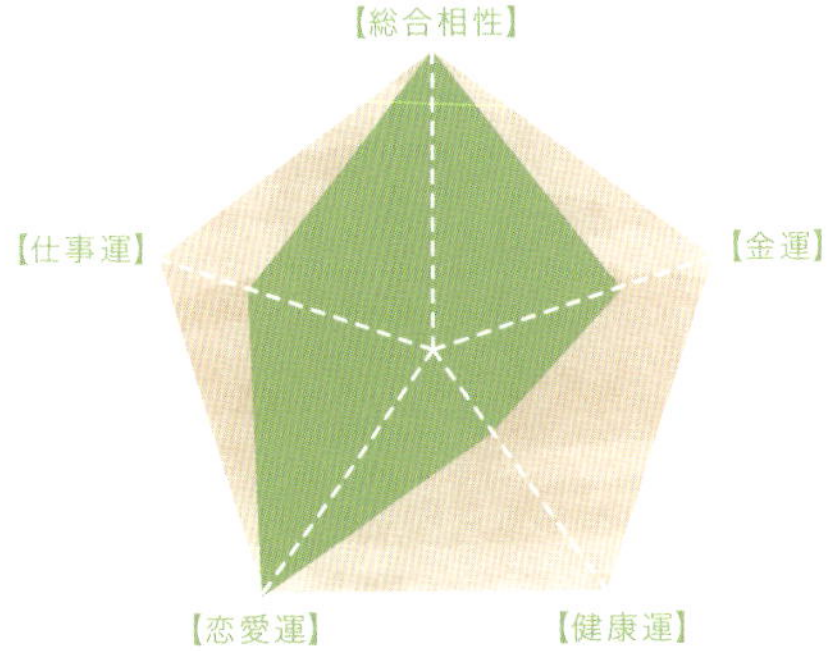

【総合相性】★★★
お互いにしかわからない味わい深さを楽しめる。一方的に熱くなりすぎないよう気を付けて。

【金運】★★☆
猫もあなたも食べ物にこだわりすぎると散財の危機。粗食に耐える日も必要。

【健康運】★☆☆
美食が二人の健康を害する恐れあり。味に加え健康面にも気を遣うと吉。

【恋愛運】★★★
冷たく思われがちなあなたの壁を猫が破ってくれるはず。モテ期到来のチャンス。

【仕事運】★★☆
猫がつなぐ人脈で天職に出逢う可能性大。

neko-teso

D type

×

hito-teso

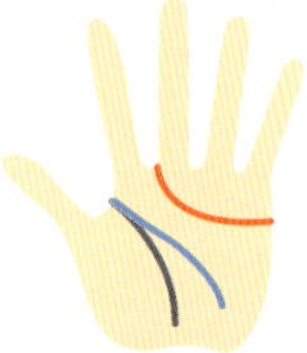

①情熱 type

正反対な二人の出逢いは危険なの？

明るく話好きなあなた アンニュイで大人しい猫 気になりだすときりがない！

根が明るくてコミュニケーションが得意な①タイプのあなたにとって、ちょっとアンニュイなDタイプの猫はてこずる相手。慣れれば甘えてくれるけど、手をかけすぎるとお互いにハマって離れられなくなりそう。心配になる気持ちはわかりますが、一人の時間も大事にして適度な距離を取ることが大事です。とはいえ注意は怠らず、心身を健康に保てるよう見守ってあげましょう。ダメップルにならないよう気を付けて。

相性分析

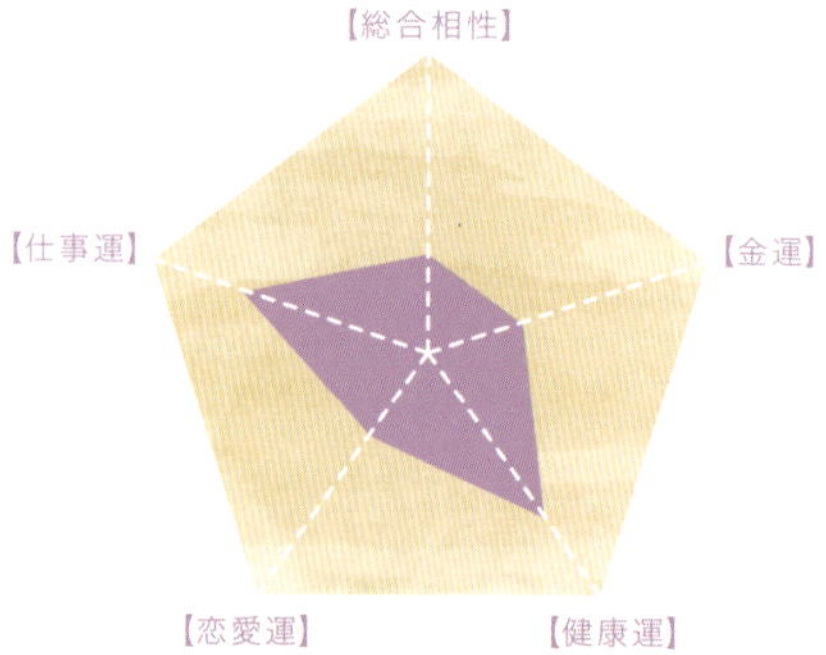

【総合相性】★☆☆
正反対だけど、かみ合えば離れられなくなりそうな二人。それだけに世界が狭くなる恐れも。

【金運】★☆☆
ハマると限りなく猫にお金を使ってしまいそう。何か目標を定めると吉。

【健康運】★★☆
病弱気味な猫だけど、チェックを怠らず健康管理は○。ただし自分の健康に注意。

【恋愛運】★☆☆
猫に時間を取られすぎて赤信号の恐れあり。家に招くときは猫を構いすぎないこと。

【仕事運】★★☆
猫をモチベーションにすれば成果を上げること可能。

D
type

×

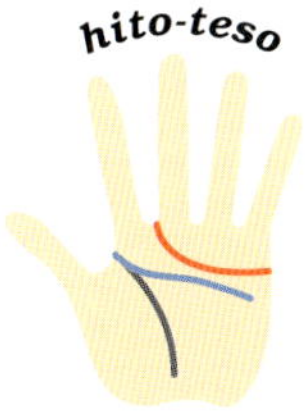

②リーダー
type

マイペースで絶妙な距離感をキープ！

つれないふりで実は甘えん坊 そんなアイツの心をつかむ 頼れるあなたはベストな相棒！

情熱と冷静さを兼ね備えた②タイプのあなたは、静かでのんびりした暮らしが好きなDタイプの猫と、上手にやっていくことができます。人懐っこいけれど甘えすぎる猫は、どこまでも構ってあげたくなる相手。おかげで自分の時間がなくなる場合もありますが、あなたなら「これ以上はダメ」と線を引いてマイペースを保つことができるはず。猫もあなたとの最適な距離を見つけて、いつまでも仲良く過ごせます。

相性分析

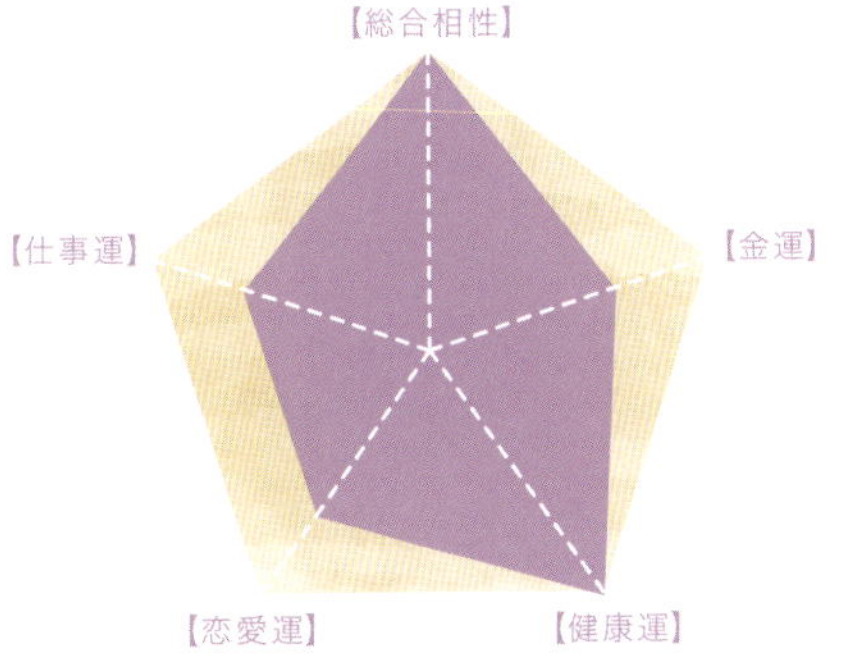

【総合相性】★★★
猫に依存せず最適な距離感をキープ。猫にとっても居心地の良い相手。

【金運】★★☆
猫に限らずバランスの取れた金銭感覚。安全を求めすぎてチャンスを失う恐れあり。

【健康運】★★★
猫も自分も規則正しい生活で健康を維持。無理な仕事は断ると吉。

【恋愛運】★★☆
トークの理屈っぽさを猫の話題がカバーして良好。決めるときは決める気持ちが大事。

【仕事運】★★☆
猫で元気回復しリーダーシップ発揮。優柔不断は×。

D type

×

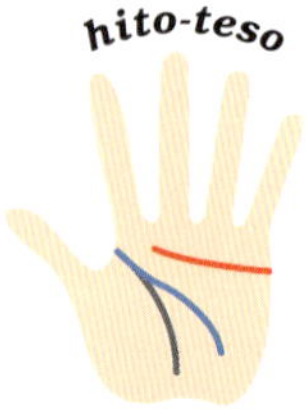

③独創 type

テンション低めなベストカップル

見た目はローテンション あふれるイマジネーション 人と猫との深～いキズナ

人前であまり大声で笑ったり怒ったりすることのない③タイプのあなたは、テンション低いねと言われがち。いつものんびりして動きが少ないDタイプの猫とは似た者同士に見られそう。でも本当は想像力豊かなあなたと同じように、猫もあなたへの愛情を心に秘めているのです。なんだか反応薄くてつまらない、なんて最初は思うでしょうが、付き合うと情が深いヤツだとわかるはず。ただしハマりすぎには要注意！

相性分析

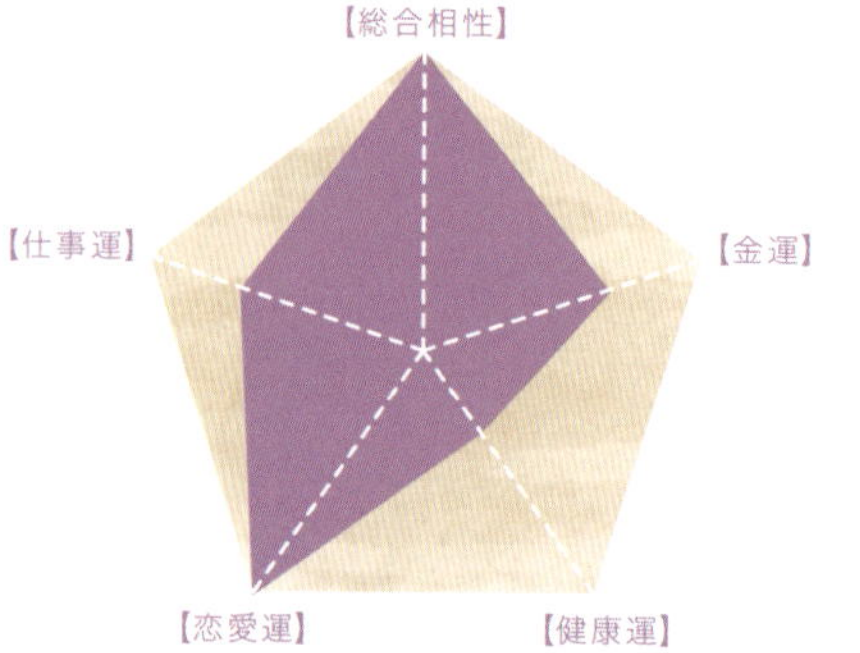

【総合相性】★★★
似た者同士の二人だけに相性は抜群！　依存しないよう気をつけて。

【金運】★★☆
猫から霊感を得て大当たりする可能性あり。ただし大きく賭けすぎると危険。

【健康運】★☆☆
猫も自分も思い込みで判断すると大病の恐れあり。風邪などの予防は普段から忘れずに。

【恋愛運】★★★
運命的な出逢いの可能性あり。自分の個性を発揮すると吉。猫好きを押すべし。

【仕事運】★★☆
猫くらい打ち込める仕事に出会えれば大いに発展。

neko-teso

D type × hito-teso

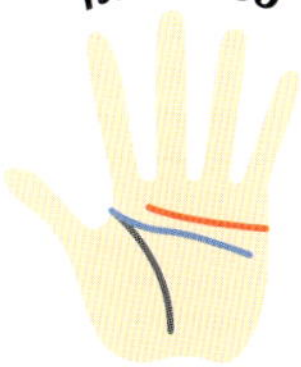

④理性 type

▼▼

自分のペースで付き合えば最高！

ノリが悪いと言われても平気 二人が幸せならそれでOK でもそれだけじゃ足りません

周りからノリが悪い、冷たいと思われても気にせずに自分の世界を大事にする④タイプのあなたは、やっぱり一見ぼんやりして大人しそうなDタイプの猫に、共感するところが多いでしょう。実際に付き合ってみれば、あなたと同じようにマイペースで生きている猫が愛しく思えてきます。ただしのめり込みすぎて、猫から一日中離れずに守ろうとする恐れあり。猫以外の趣味を豊かにするとお互いにとって吉です。

相性分析

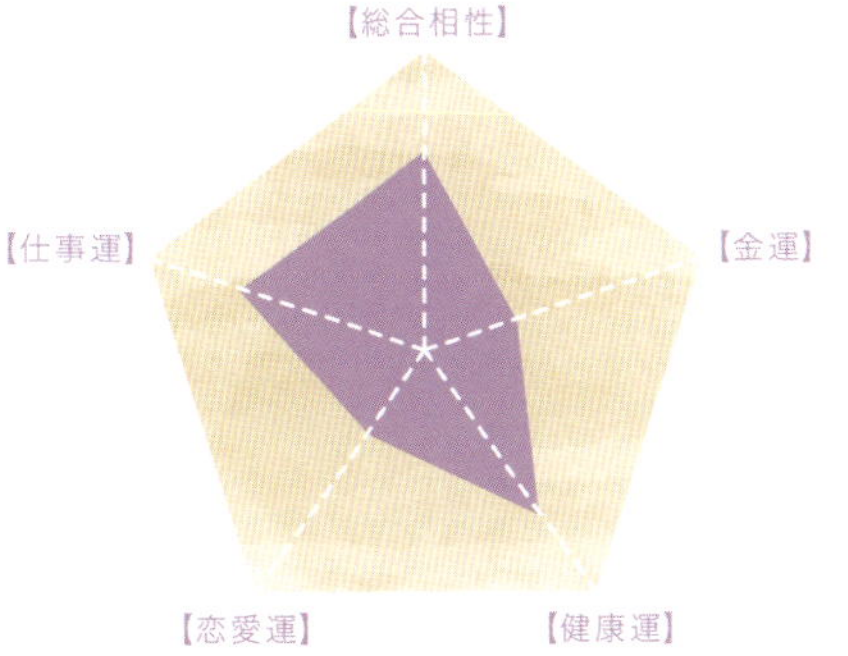

【総合相性】★★☆
お互いにマイペースを保てばベスト相性。ただしのめり込みすぎると危険。

【金運】★☆☆
グッズなど猫に注ぎ込みすぎる恐れあり。欲求を他にも向けると運気アップ。

【健康運】★★☆
猫も自分も健康を客観的にチェックして維持できる。自分だけで判断しないことが大事。

【恋愛運】★☆☆
気持ちを表に出さない態度がトラブルの元に。猫が仲直りのキッカケになりそう。

【仕事運】★★☆
猫と適切な距離で付き合えば仕事運が好調に。

neko-teso

E type × hito-teso

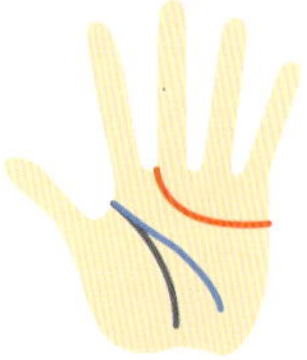

①情熱 type

すれちがう距離も楽しめばオールOK！

構いたいあなた、一人でいたい猫。二人の距離を妄想で超える！

積極的にコミュニケーションをとるのが好きな①タイプのあなたと、一人の時間を大切にするEタイプの猫とは何かとすれちがいがちです。あなたがちょっかいを出そうとすると、するりと逃げられてしまったり。でも、持ち前の豊かな想像力を発揮すれば、離れたところからそっと観察しながら妄想して楽しむことができるはず。気が向けば身をまかせてくれるけど、まずはアンニュイな距離感を楽しんでください。

相性分析

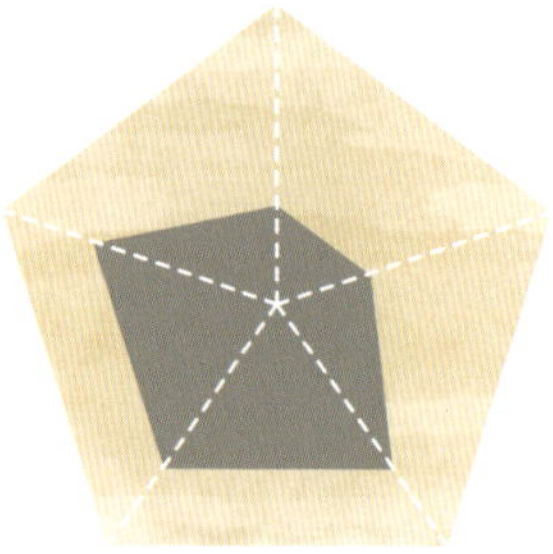

【総合相性】★☆☆
ホットなあなたとクールな猫で真逆な二人。ちょっとの距離は妄想力でカバー！

【金運】★☆☆
遊ぶ姿を眺めたくておもちゃを買いすぎてしまいそう。熱くなりすぎないように注意。

【健康運】★★☆
取り越し苦労も多いけど、猫の健康チェックは万全。自分のコンディションも良好。

【恋愛運】★★☆
猫を追いかけすぎると恋人にやきもちを焼かれそう。猫との距離感を楽しめば恋愛も吉。

【仕事運】★★☆
手のかからない猫だから仕事に集中できるはず。

E type × ②リーダー type

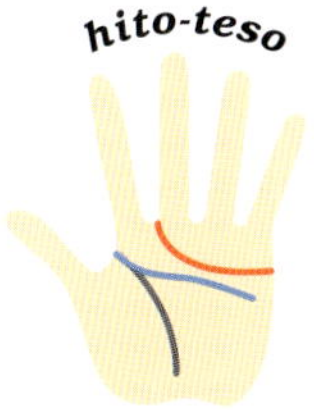

情熱と思いやりでベストマッチング！

あなたの明るさと思いやりがつれない猫の心をつかむそんな二人は最高の相棒

② タイプのあなたは情熱的で明るい性格の持ち主。加えてものごとを論理的に考える力や思いやりが豊かです。人見知りしがちで一人の時間を大切にするEタイプの猫は、下手に手を出すと避けられてしまいますが、あなたなら様子をじっくりとながめて、相手の状態や気持ちを察することができるはず。そんな観察自体も楽しいものでしょうが、スキンシップのチャンスは見逃さないで。お互いの相性はバッチリです。

相性分析

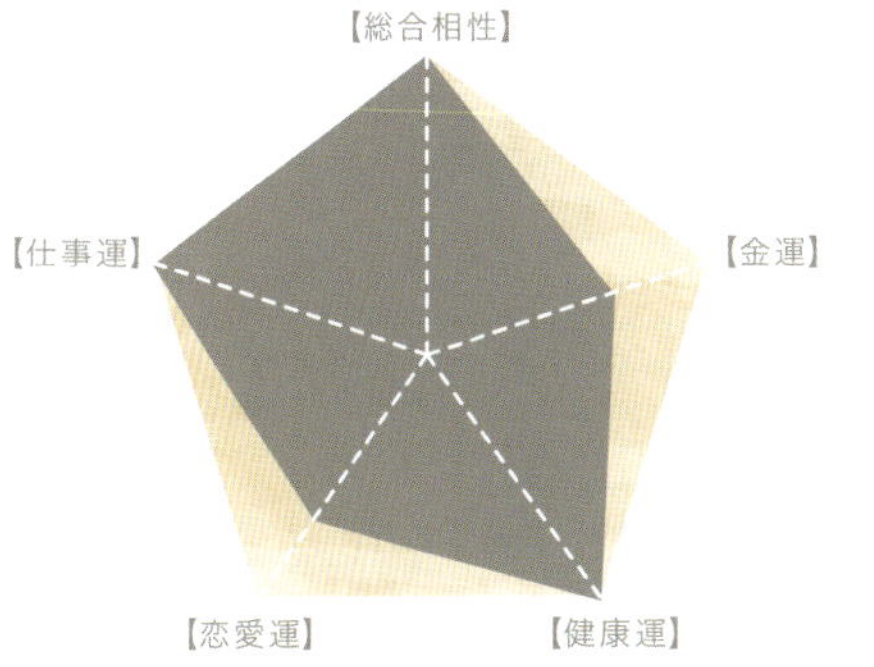

【総合相性】★★★
猫の気持ちを思いやって関係良好。クールな猫にときどき頼られるのも嬉しいこと。

【金運】★★☆
基本的にお金のかからないタイプの猫。ストレスを癒されて無駄づかいが減りそう。

【健康運】★★★
猫の体調はバッチリ把握。自分も無茶をせずマイペースを維持すれば病気ケガなし。

【恋愛運】★★☆
猫の取り持つ縁を期待できそう。ただし優柔不断でチャンスを逃す危険あり。

【仕事運】★★★
猫にも人にも好かれて職場の人間関係は良好。

neko-teso

E
type

×

hito-teso

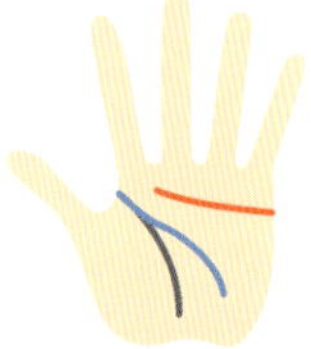

③独創 type

▼▼

妄想で楽しむ不思議な猫ライフ

「近寄らニャイで」オーラにもイマジネーション発揮すればきっと仲良くなれるはず

あなたは感情をあまり表に出さないので落ち着いていると見られがちですが、頭の中では豊かな想像力で妄想の世界を繰り広げています。一匹狼ならぬ一匹猫で近寄りがたいオーラを放つEタイプとも、直接触れずに相手の気持ちを想像したり、二人でじゃれ合っている姿を妄想したりして楽しむことができるでしょう。居心地のいい関係になりますが、目の前にいる猫の体調管理を怠らないように注意して。

相性分析

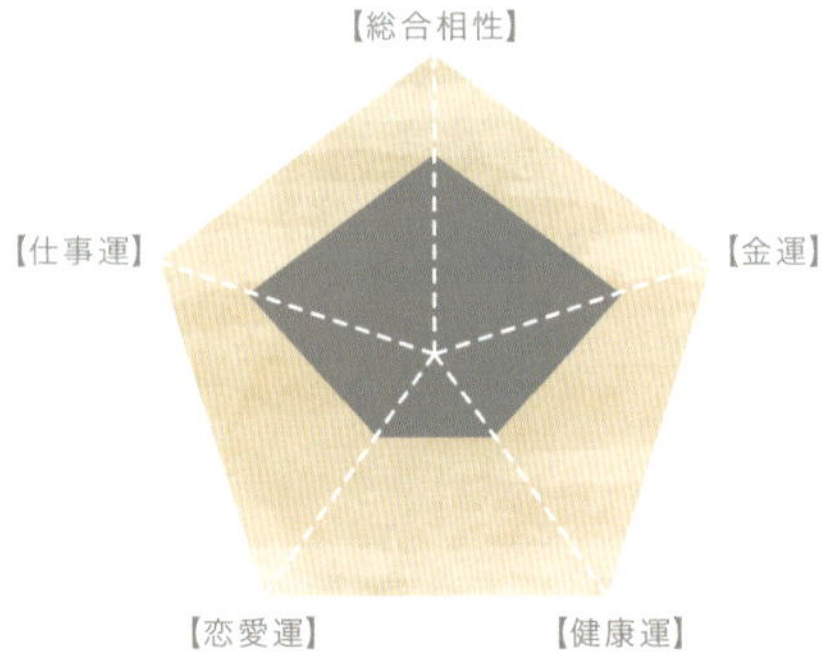

【総合相性】★★☆
似た者同士な二人。距離を保っても寂しくない関係。ただし猫の体調には気を付けて。

【金運】★★☆
猫の様子に買い物や投機のヒントあり。招き猫などのグッズも吉。

【健康運】★☆☆
猫も自分も健康を過信しないこと。定期検診は怠らずに良好な体調をキープすべし。

【恋愛運】★☆☆
自分の気持ちは素直に出すこと、相手の気持ちは直接聞くこと。猫がコミュニケーションのカギ。

【仕事運】★★☆
猫にインスピレーションを得て良アイデアが出そう。

E
type

×

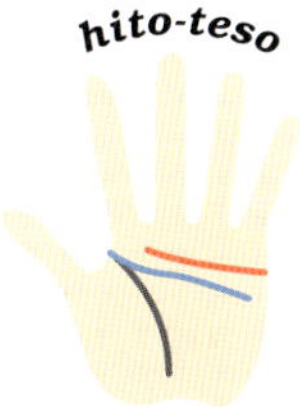

④理性
type

▼▼

見た目はクール、気持ちはホット！

気にしないようで気にしてる 甘えないけど頼りになる 猫にとっては最高の相方

いつもポーカーフェイスな④タイプのあなた。ものごとを理屈で割り切るところが冷たい人だと思われがち。でも本人はどこ吹く風で、好きなことにはいつだって本気。もちろん大好きな猫への愛情は本物です。猫のことはいつも気にかけているけれど、だからといってベタベタと依存することがありません。孤独を愛するEタイプの猫にとっては完全に無害で安心な存在です。ある意味、一番相性が良いのかもしれません。

相性分析

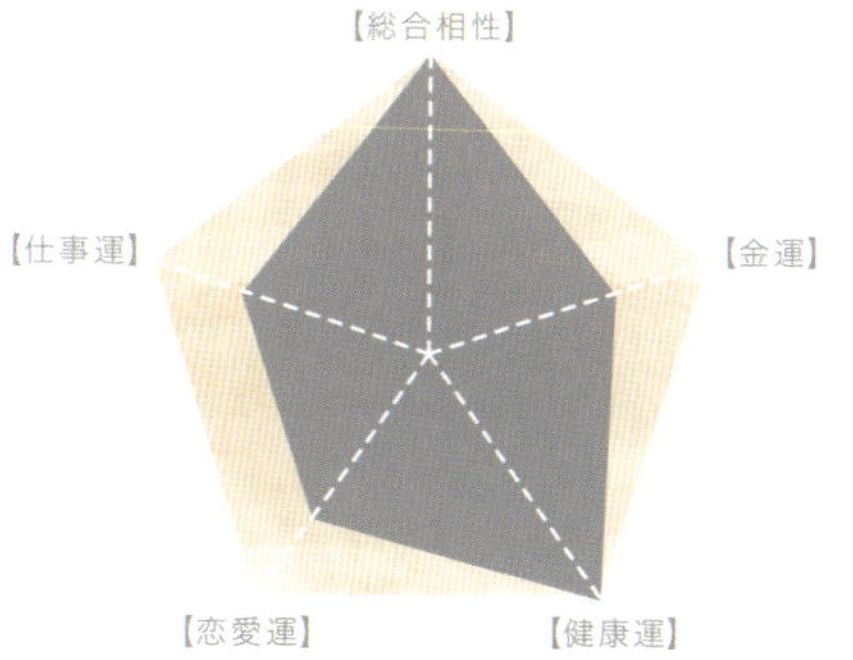

【総合相性】★★★
愛情を注ぎつつも相手を尊重できる関係。自分も猫も居心地良く最高の相性。

【金運】★★☆
お金をかけなくても猫を見てるだけで幸せ。ただし、ぼんやりしすぎてチャンスを逃す恐れも。

【健康運】★★★
付かず離れず猫の調子はしっかり把握。自分も無理せず健康状態を維持。

【恋愛運】★★☆
気持ちを表に出さないクールさが相手を選びがち。猫と同様にお互いを尊重できれば吉。

【仕事運】★★☆
猫と同じくらい好きな仕事を選べば成功。

うちの子の ねこてそ 2

↑ドナ(3)♀／アメリ、クオンのママ。母性本能が強い美しく愛らしい子。C3タイプ

↓くーた(6)♂／さびしがり屋さん。パソコンに乗っておじゃま虫。B3タイプ

↑マリーメイ(9ヵ月) ♀／お～っとりした美人でリード君にモテモテ。C3タイプ変形

↓テーブルに大集合！ たくさん飼っていても集合写真を撮るのは難しい！ と思っていたら8匹集まった新記録が撮れました（ドナちゃんたちの飼い主reecatyさんは猫12匹と生活中）

↑アメリ(6ヵ月)♀／右端／まだちいちゃいけど男子顔負けヤンチャガール。B3タイプ

↑ちぃ (1) ♀／おてんばでおしゃべり。Dタイプ

↑クオン (6ヵ月) ♂／アメリのお兄ちゃん。のんびり屋さん。C3タイプ変形

→とらごろう2004 (8) ♂／まだまだ遊ぶ、プロレス好きのやんちゃっこ。A3タイプ

←みかん (6) ♀／三毛猫のちぃの姉貴分だけどのびびりり屋さんで負け気味C3タイプ

↑みぃみ (2) ♀／天真爛漫な妹分。毎日鬼ごっこに夢中な健康優良児。Aタイプ

↑だいふく (3) ♂／コスプレ好きの去勢済み男子。みかんを食べるのが好き。A2タイプ

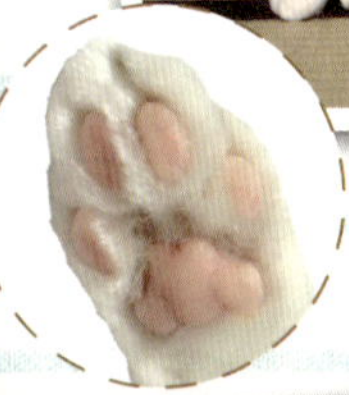

↑サン(13) ♂／かなりクールな畳屋の看板猫。猫のくせに小魚が嫌い。A4タイプ

↑レイ(6) ♂／撫でてほしい時は呼びに来ます。飼い主と日向ぼっこ。C2タイプ

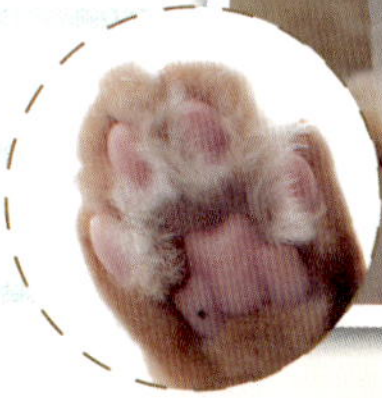

→はちみつ(3) ♂／甘えん坊で食いしん坊。ピンポン鳴るとマットの下に！A1タイプ

↑雷蔵(5) 小食で偏食、お客さん大好きでフレンドリー＆マイペース。A3タイプ

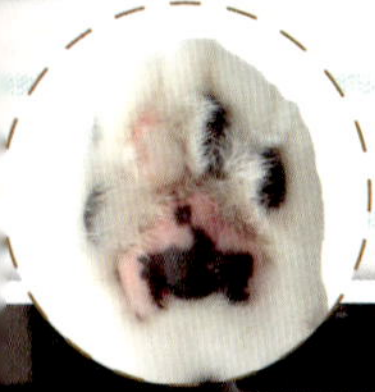

↓秋(5) ♀／女子力の高いおてんば娘の三毛猫。A2タイプ

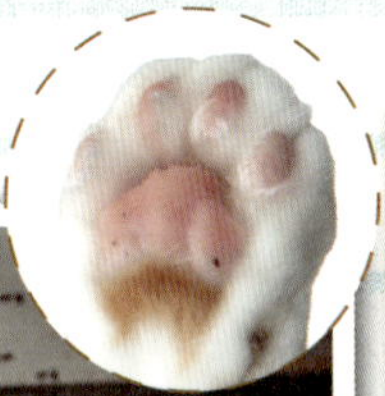

↑シナモン(5) ♂／運動神経抜群、腕白だけどちょっぴりのぼぼんな性格。B1タイプ変形？

↑りっちゃま(14) ♀／美猫の熟女。一人が好きだけど放っておかれるのは苦手。B3タイプ

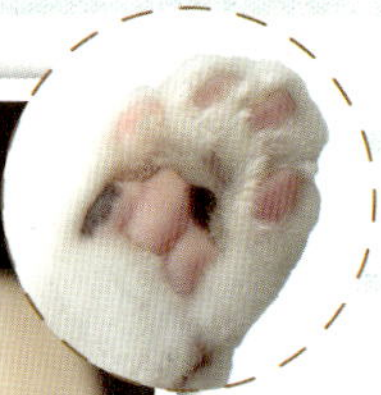

↑じゅん（9ヵ月）♀／天真爛漫、猫離れした寝相が特徴の子猫。C3タイプ

↑大和（10）♂／のんびりマイペースで穏やかな性格。Eに近いA3タイプ

→ティッシュ（11）♀／我が家5匹の猫のボス。人懐こく頭がいい。B2タイプ

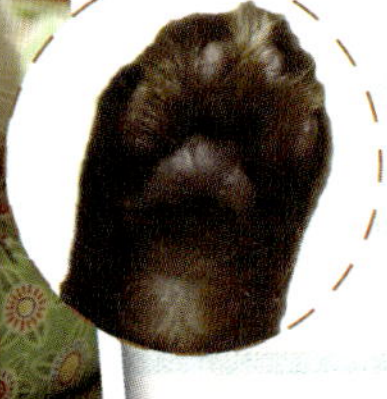

↑ノコ（1）♂／甘えんぼ。我が家では一番の一番の癒し系。A2に近いDタイプ

→カオル子（9）♀／他人に姿を見せない慎重派のカワイコちゃん。C3変形

←ヒカル子（6）♀／とても気が強い内股のツンデレ乙女。抜群に頭イイ。B1タイプ

二匹目以降は要確認
多頭飼いのための相性判断

一人っ子じゃ何だかさみしい　だけど猫づきあいは大変！

　猫と猫の相性を知ることは、二匹以上の猫と暮らす大切なポイント。ここでは「ねこてそ」のタイプ別に猫同士の相性を解説します。飼い主が猫たちに気を配ってあげるべきことも、合わせて参考にしてください。

　これまでで、猫には肉球の形で異なる「ねこてそ」があることを理解されたでしょう。それぞれの性格を把握して付き合ってきたつもりでも、新しく猫が増えると、これまでとは違った行動や性格を見せるようになります。こんなに暴れたり甘えたりする子じゃなかったのに……なんて、とまどう飼い主も少なくないでしょう。

　でも、猫だって知らない同士が顔を会わせれば心が揺れ動いて当然。「友達になりたい！」と思って近づいても「ゴメンだね」と突き放されたり、飼い主に「その子じゃなくて、こっちを見て！」と訴えてきたり、反応はさまざまです。中には、どうしても一緒にはいられない組み合わせもあるのです。

　そこであらかじめ相性を知っていれば、猫たちや飼い主にストレスを強いる組み合わせを避け、すでに二匹以上の猫を飼っている人は適切な接し方を見つけることができます。

　ただし、もとの性格に加え、猫生活ならではのルールもあることもお忘れなく。たとえば、ほとんどの場合、先に住んでいた猫のほうが立場的には上になります。またメスのほうが好き嫌いが激しく、新規の猫と喧嘩になることが多いようです。

　しっかり猫同士の相性を読み取って、猫たちとの暮らしをエンジョイしましょう！

A type × A type

相性 ○

似たもの同士で まれに愛情の取り合いに

愛 愛されるのが大好きなAタイプ。後から入ってきた新米が新しい飼い主になつこうとすると、前からいた猫が不機嫌になってしまうことも。飼い主の取り合いがおこってしまう可能性があります。ただし、二匹の気が合えば愛情をあたえ合って最高の仲良しになることも。

【飼い主ワンポイント】
愛を注ぎ込める相手が増えて、猫なしの人生は考えられないと思う飼い主の毎日はより充実するでしょう。Aタイプの気持ちに答え、控えめになる年長の子も忘れず平等に可愛がってあげて。

ねこてそ×ねこてそ で見る 相性占い

猫いろいろ。相性もいろいろ。
猫と猫とのお付き合い
気の合う同士はどんな猫？

【相性早見表】

	A	B	C	D	E
A	○	◎	○	△	△
B		○	◎	◎	△
C			○	○	△
D				△	△
E					×

C type × C type

相性 ○

自由気ままな二匹だけど お互い仲は悪くない？

一匹で飼っていてもどこかクールなCタイプだけど、二匹になっても変わりません。お互いに干渉せず、部屋のあちこちを思い思いに歩き回ります。最初は多少探り合うところもありますが、お互い脅威がないとわかれば、あとは好き勝手に。どちらもグルメなので、飼い主は食事選びに苦労しそう。

【飼い主ワンポイント】
どちらもおとなしく動きが少ないうえに、マイペースな行動を好むコンビ。二匹でじゃれ合う姿が見たいならちょっと残念かも。食事の好みがバラバラの場合、双方を尊重しなければならないので、飼い主の負担はちょっと重くなります。

B type × B type

相性 ○

たまにケンカもするけど あと味サッパリ体育会系

野性味のあるBタイプ同士の組み合わせは、はじめのうちはちょっとケンカすることも。とはいえ気が合わないわけではありません。お互いに適当な距離を見つけて、居心地のいい場所をしっかりキープします。縄張り意識の強い猫同士だと、特にその傾向が強くなるでしょう。飼い主を挟んだ関係も良好です。

【飼い主ワンポイント】
同じBタイプでも、よく見ると性格に違いが見られます。放っておかれたい猫もいれば、構ってもらいたい子もいます。どちらも同じように扱おうとしないで、性格をよく見極めて付き合い方を変えるのがポイント。

E type × E type

相性 ×

混ぜるな危険!? 多頭飼いには向きません

何かと気難しく怒りっぽいEタイプは、他のどのタイプと組み合わせてもあまりうまくいきません。まして同じタイプ同士となると、お互いの存在を脅威に感じて、真正面からぶつかり合ってしまいます。飼い主が割って入ろうとしても言うことを聞かず、かえってケガをする恐れも。1匹を大事にしてあげて。

【飼い主ワンポイント】

Eタイプの場合、多頭飼いを避けることが基本です。もしほかの猫とはうまくいかなくても、広い住スペースがあってそれぞれの環境を独立できればなんとかなりそう。すでに猫を飼っているなら、知り合いから預かることも断るのが無難です。

D type × D type

相性 △

どっちもちょっと神経質 飼い主と三角関係に!?

どちらもおとなしいDタイプですが、デリケートなだけに予想外のことが起こりそう。特に飼い主の愛情を独占したがりますから、どちらかをかわいがると本気のケンカに突入する恐れが。飼い主がいないときも仲がいいわけではなく、ぶつかり合いはしないかわりに、どこかよそよそしい関係です。

【飼い主ワンポイント】

とにかく平等に扱うことが一番のポイント。どちらかを世話していると、もう一匹がやってきて追い払おうとしたり。その時も一方を悪者扱いにしないこと。手をかけたくなる猫なので、ハマると苦労も二倍になりますから要注意。

mini column

里親としての多頭飼い考

猫も、親子兄弟だからといって性格が合う保証はありませんが、まったく違う猫同士の多頭飼いでは、やはりどうなるかしらと気を揉みます。

飼い主の中には、迷い猫や捨猫の里親となっている方がいらっしゃいます。取材したメイクアップアーティストの凜さんもその一人。

「猫の生体販売や殺処分を無くしたい！」と願う凜さん、初めて飼ったLalaちゃんも里親サイトが出会い。一人で飼えるのか心配でしたが、Lalaの可愛さにすっかり参ってしまい、もう一匹飼うことに。ところが次のSpydyくんはまったく違う性格で、SpydyがLalaちゃんにうるさくしすぎ､Lalaちゃんは多少うんざりすることも。これはもう一匹必要だろうと判断、現在は、Tuttiちゃんを加え三匹と暮らしています。実際、ねこてそ鑑定ではLalaちゃん、Tuttiちゃんはおとなしめの「Cタイプ」、Spydyは積極的な「Aタイプ」でしたので静かなCタイプが増えバランスが取れたかもしません。

おうちで迎える猫とは、さまざまな偶然が重なった出会いになりますが、一匹一匹の個性を感じつつ、幸せな一生が過ごせるようにしたいもの。ねこてそが、そのお役に立てばよいと思っています。

[A type × C type]

相性 ○

元気な猫とおっとり猫 同居相性は問題なし！！

マイペースで頭のいいCタイプは、にぎやかでフランクなAタイプが後からやってきたら、最初はちょっと迷惑かも。でもすぐに慣れて、Aタイプの好き好きアプローチにもまんざらでない感じに。先に住んでいるのがAタイプなら何の問題もありません。とまどっているCタイプに近づいてすぐ受け入れます。

【飼い主ワンポイント】

どちらかというとAタイプのほうがCタイプを圧倒しているように見えますが、それなりに折り合いをつけた付き合いになります。飼い主はあまり干渉しないほうがいいでしょう。寝床は一応二匹分用意するといいかも。

[A type × B type]

相性 ◎

愛し上手と愛され上手 猫もうらやむ好相性！

愛情表現が豊かなAタイプ、Eタイプ以外はどんな猫からも人気がある性格のBタイプなので、どちらの猫も猫づきあいは上手。お互いに同居することになってもうまくいきそうです。猫同士であまりに仲良くなって、飼い主が放置されてしまう心配も？　二匹で遊んでいる姿を見るだけでなごめます。

【飼い主ワンポイント】

Bタイプは独立心が高いほうなので、Aタイプがあとから増えても我関せずかもしれません。一方Aタイプが最初にいた場合、飼い主独占欲があるほうなので、たまに一人っ子だった時のように特別扱いも忘れないようにしてあげて。

[B type × C type]

相性 ◎

ワイルドで媚びない猫に 優等生はメロメロに!?

野性的で美しいBタイプの猫は、どんな猫にも好かれるモテキャラです。おとなしく頭がいいCタイプは、不良に憧れる優等生みたいな感じで、飼い主よりも同居猫に惹かれそう。Bタイプも保護本能を刺激されて、ウマの合う猫同士になります。Bの性格によってはたまにケンカもしますが心配ありません。

【飼い主ワンポイント】

守る猫と守られる猫の組み合わせで、飼い主の手間はほとんどかかりません。どちらも嫉妬心が強くありませんから、あなたを巡って争うこともまずないでしょう。タイプは違いますがどちらも飼いやすい性質です。

[A type × D type]

相性 △

元気で素直な新参猫に 古参はちょっとブルー？

もし先に住んでいるのがDタイプだったら、Aタイプを受け入れるのは大変そう。空気を読まず飼い主にすり寄る新入りに、ジェラシーを爆発させてキレる恐れも。Dタイプが後から入る場合はAタイプが合わせてくれそうだけど、それでもストレスを強いることになります。一緒にしないほうがいいかも……。

【飼い主ワンポイント】

ライバルの登場で、Dタイプがいっそうあなたに甘えるようになります。Aタイプが近づいてきても追い払って愛情を独占しようとしますから、平等に扱うのは困難。独り暮らしの小スペースだと一緒に飼うのは大変です。

C type × D type

相性 ○

平和なようで火花散る!? それでも尊重し合う仲

どちらが先に住んでいても、この組み合わせでは我慢強くおとなしいCタイプが、甘えん坊で時にキレやすいDタイプに合わせる形になります。どちらも動きが少ないのでほぼ平和に見えますが、内心ではお互いに緊張もあるでしょう。それでも悪い相性ではなく、それぞれの居場所を見つけて落ち着きます。

【飼い主ワンポイント】

普段は穏やかな付き合いに見えるので油断しがちですが、Cタイプばかりかわいがるとロタイプがジェラシーをむき出しにします。かといってDタイプの機嫌ばかり取ると、Cタイプが寂しがりますから、バランスを取って接しましょう。

B type × D type

相性 ◎

ケンカの強い野生児にはひねくれ猫も一目おく

Eタイプほどではないにしろ、ひねくれて甘えん坊なDタイプは多頭飼いが難しい猫ですが、Bタイプと一緒ならストレスなく暮らせます。いつも超然としているBタイプは同居人にも広い心で接しますし、ケンカしても自分のほうが強いので安心しています。Dタイプも上下関係にむしろ落ち着きを感じそう。

【飼い主ワンポイント】

独占欲の強いDタイプですが、強いBタイプが相手だとそうそうキレることができません。そのぶんストレスもたまりますから、ときどきたっぷりと優しくしてあげましょう。孤独好きとはいえBタイプのケアも忘れないで。

あとがき

猫の手相「ねこてそ」いかがでしたでしょうか。

思い返してみれば、一冊の本にまとまるまでに、いろいろな猫さんたちのご協力がありました。取材した中で一番記憶に残っているのは、典型的E型のイチローくんです。手を触ったとたん流血騒ぎでした（笑）。ノラ猫さんに取材して、傷だらけで全身痒くなったこともあったっけ。みなさんの肉球の暖かくプニプニした感触を思い出します。ご協力いただいた猫さん、本当にありがとう。

人間のみなさまにもお世話になりました。たくさんの猫を紹介してくれた、G番地のオーナーしげちゃん（とお母さん）。愛猫の手相を快く見せてくれた方々。応援してくれたGNSPのマスター、いろんな面で支えてくれたコジカズ。ありがとう！　そして、この本を手にとってくれたみなさまにお礼を言いたいと思います。

これからも、人の手相とねこてそをもっと見ていきたいと思っています。読者のみなさん・猫さんとも、いつかお会いできる日を楽しみにしています！

「ねこてそ」Facebookページへどうぞ！

http://facebook.com/nekoteso

暁先生の鑑定や、ねこてそ情報が満載のページです。
みんなで「いいね！」をしてね!!

うちの子のねこてそ

名前

生年月日

名前

生年月日

協力一覧

モデル出演した猫さん

※(　)内が飼い主さんです

エミーくん(表紙モデル)

シローくん、ユイちゃん、ネーナちゃん、オットーくん、ルーちゃん、マリーちゃん、
チャックくん、トトくん、ミキノちゃん、ルナマリアちゃん、九条さん、
コーラサワーくん(「猫式」在住)

きぃちゃん(西村昭宏さん宅)

静ちゃん(源 賀津己さん宅)

Lalaちゃん、Spydyくん、Tuttiちゃん(凜さん宅)

パチくん、レンくん(大坪さん宅)

桃ちゃん、茜ちゃん、空ちゃん、雪ちゃん(萩原嘉博さん宅)

はづきちゃん(森嶋彪さん宅)

マツ子さん(大西一郎さん宅)

トンちゃん、スンちゃん(「ムギマル2」在住)

タマくん(小野島さん宅)

lokiちゃん(Wakako)

ルナちゃん、ミカちゃん(まさぽん)

「うちの子のねこてそ」

じじ、もこ、もち、ゆず(megさん)／ミル、キク(mikさん)／遊(omariさん)／
とらごろう(toranyansanさん)／ごま、うずら(saoさん)／アメリ、クオン、ドナ、
マリーメイ(reecatyさん)／みかん、ちぃ(はるるさん)／とらごろう2004、
みぃみ(とっちーさん)／ティッシュ、大和、秋、シナモン、じゅん(櫻井慶子さん)／
くーた(大西さん)／だいふく(しん＆みいさん)／レイ(レイママさん)／
サン(巻山春菜さん)／はちみつ(松丸仁愛さん)／雷蔵(島田愛里さん)／
りっちゃま(米さん)／カオル子、ヒカル子、ノコ(ティティさん)

STAFF

ブックデザイン　野口里子
写真　源 賀津己（STUDIO ROCKet）、井出絵里奈（STUDIO ROCKet）
イラスト　暁
表紙モデル　エミーくん（「肉球選手権」優勝猫）
執筆・取材協力　森嶋良子　大野正人
企画協力　丸山英志
編集　宮崎綾子（アマルゴン）　市川水緒

ねこてそ

ねことのくらしを楽しくする
ネコミュニケーション・ブック

2013年4月12日第1刷発行
2018年2月22日第2刷発行

著者　暁
発行人　木本敬巳
編集　中尾桂子
発行所　ぴあ株式会社
〒105-0011
東京都渋谷区東1-2-20　渋谷ファーストタワー
03-5774-5262（編集）
03-5774-5248（販売）
印刷・製本　共同印刷株式会社

ISBN　978-4-8356-1835-7